SURVIVAL PROFI

TARNEN, TÄUSCHEN, ENTKOMMEN

Das Survivalbuch für Fortgeschrittene: Der komplette Outdoor- und Stadtsurvival-Guide, um sich und seine Familie zu retten – Waldnavigation, Fluchtrucksack, Selbstverteidigung & Blackout-Tipps

---

Thomas Gast

Bibliografische Information der Deutschen Nationalbibliothek.

Die Deutsche Nationalbibliothek verzeichnet diese Publikation in der Deutschen Nationalbibliografie; detaillierte bibliografische Daten sind im Internet über http://dnb.dnb.de abrufbar.

Für Fragen und Anregungen:
info@eulogiaverlag.de

ISBN Softcover: 978-3-96967-690-5
ISBN E-Book: 978-3-96967-691-2

Originale Erstausgabe 2025

Eulogia Verlags GmbH
Gerhofstraße 1–3
20354 Hamburg

Lektorat: Sandra Pichler
Satz und Layout: Tomasz Dębowski
Umschlaggestaltung: Aleksandar Petrović, unter Verwendung von © Fehmiu Roffytavare / Shutterstock.com

SURVIVAL PROFI

TARNEN, TÄUSCHEN, ENTKOMMEN

Das Survivalbuch für Fortgeschrittene:
Der komplette Outdoor- und Stadtsurvival-Guide,
um sich und seine Familie zu retten –
Waldnavigation, Fluchtrucksack, Selbstverteidigung
& Blackout-Tipps

EULOGIA
VERLAG

*Ich bedanke mich bei Jan Kling
für die exzellenten Zeichnungen.*

Inhaltverzeichnis

Die Überlebenden werden die Toten beneiden.

CHRUSCHTSCHOW

Du hast *Urban Survival* gelesen und inhaltlich mehr oder weniger alles in die Tat umgesetzt? Glückwunsch! Damit gehörst du zu den Menschen, die darauf verzichten, in die Rolle eines Opfers zu schlüpfen. Ohne dieses Mindset „Ich möchte kein Opfer sein" wären all deine bisher unternommenen Anstrengungen in Sachen Überleben (Nahrungsbeschaffung, Erste Hilfe, Anhäufen von wichtigen Dingen bezüglich: Wehrhaftigkeit, Wärme, Kälte, Energie allgemein, Bilden des inneren Kreises, deine Wohnung zu einer wehrhaften Festung machen etc.) nichts wert. Kriminelle Alphatiere würden sich um dich kümmern, dir alles wegnehmen, dich drangsalieren, dich schikanieren, dich wie eine Sau durch dein eigenes Haus treiben und dich schließlich unter schrecklichen Umständen unter die Erde bringen. Deine Liebsten – sollten sie es überleben – wären zum Leichenschmaus gebeten.

Survival Profi – Handbuch für Krieger und Survivalisten

Dieses Buch vervollständigt die Survival-Serie. Während *Survival für Anfänger* die Grundbegriffe des Überlebens in Dschungel, Wüste, Eis und Schnee ganzumfassend abhandelte, ging es bei *Urban Survival* um das Überleben in den Städten. *Mental Survival* befasste sich mit Themen wie Disziplin, Willenskraft und wie wir Männer es schaffen, mit unseren Ängsten umzugehen.

Das vorliegende Buch führt den Leser nun einen signifikanten Schritt weiter. Im ersten Teil geht es um Flucht (Escape). Ums Davonkommen. Soldaten würden auch vom Durchschlagen zu den eigenen Kräften, zu den eigenen Truppen sprechen. Ein Zivilist hingegen würde einfachere Worte verwenden: *aus der Gefahrenzone verschwinden, sodass mich keiner erwischt!* Im zweiten Teil des Buches dreht sich alles um das Überleben in den Straßen der Gewalt. Also ums Durchkommen in bebautem Gelände oder besser noch: ums Überleben im städtischen Umfeld. Hier setze ich tiefer, intensiver an als bei *Urban Survival.*

Am Ende des Buches befindet sich eine Übersicht meiner Survival-Bücher.

Disclaimer

Autor und Verlag übernehmen keinerlei Haftung für eventuelle Schäden, egal welcher Art, die durch das Anwenden oder das Nichtanwenden der im Buch beschriebenen Techniken im Allgemeinen oder durch das falsche und missbräuchliche Anwenden derselben im Speziellen entstehen könnten. Einige der in Wort und Bild gezeigten Maßnahmen und Erläuterungen beziehen sich auf frei erfundene Krisen- oder Kriegsszenarien. Sie stellen insofern weder eine Beratung noch eine Handlungsanweisung dar. Rechts- und Schadenersatzansprüche sind ausgeschlossen.

Hear no evil, see no evil, speak no evil. Regardless of what you know, don't discuss it—especially if you are a public figure, news anchor, etc. If it's not reported, it didn't happen, and you never have to deal with the Issues. (the 25 Rules of Disinformation / by H. Michael Sweeney)

Bio des Autors anstelle des Vorworts

Mein Name ist Thomas Gast. Ich bin 64, verheiratet und Vater von sechs Kindern. In meinem langen Leben lernte ich viel Nützliches, aber eben auch viel Unsinniges. Nicht der im Winter warme Lehrsaal oder das im Sommer klimatisierte Büro waren meine Lehr- und Wirkungsstätten, sondern der Urwald, der Stadtdschungel, die Wüste und die Savanne. Und das höllische Eisinferno in den Pyrenäen mitten in eisig kalten Wintern.

Im Jahr 1988 begab ich mich mit meiner Einheit zum französischen Einzelkämpferlehrgang nach Mont-Louis in die kühlen Burggänge des CNEC (im Anhang werden Wortkürzel und Abkürzungen im Detail beschrieben). Es war das erste, aber nicht das letzte Mal. Man hatte mir damals gesagt, dass es hart werden würde. Sehr hart. Und sehr kalt. Das ist halt so, wenn du auf 1655 Metern, zwischen dem *Pic-Carlit* und *Puigmal*, inmitten der Pyrenäen mit nichts außer deinem eisernen Willen im Gepäck auf der Flucht bist. Ich war also gewarnt.

Mental und körperlich bestens eingestellt, harrte ich der Dinge, die da kommen sollten. Die Trainingseinheiten, die individuellen und kollektiven Hindernisbahnen, der ständige Nahkampf-Drill und vor allem die abschließende Durchschlageübung waren brutal und an Realitätsnähe kaum zu toppen. Aber die Entbehrungen, die zahlreichen Nächte ohne Schlaf, der Kälte, dem Hunger und der Willkür der Ausbilder ausgesetzt, haben sich gelohnt. Ich bin zum Mann herangereift. Mein Körper wurde Stahl, mein Hirn eine pochende, mentale Bestie. Alle am CNEC erlernten Fertigkeiten haben sich später bewährt.

Im Jahr 1991, also nur drei Jahre später, befand ich mich am CECAP in Dschibuti, und wieder ein paar Jahre darauf am CEFOGA in Gabun.

Wer meine Vorgeschichte kennt, weiß, dass ich bereits in den Jahren zwischen 1985 und 1987 unter anderem auch als Ausbilder am CEFE in Französisch-Guyana tätig war, von den zahlreichen Einsätzen mit den Fallschirmjägern der Fremdenlegion ganz zu schweigen.

Von überall nahm ich etwas mit. Wichtige Dinge wie Demut. Leid. Selbstdisziplin. Willensstärke. Eigensinnigkeit. Ablehnung des allzu einfachen Lebens. Die Wut, die es braucht, auf erfahrenes Unrecht hart zu reagieren. Allerlei Skills und Techniken auch, die dich möglicherweise töten können, wenn du sie nicht anwendest, die dich aber ganz sicher töten werden, wenn du sie falsch anwendest.

Techniken? Ich mag das Wort nicht besonders, habe aber im Thesaurus nachgeschaut und keins gefunden, das besser trifft, was ich ausdrücken möchte. Also noch mal. Von all diesen erlernten Techniken möchte ich nicht nur erzählen oder berichten, ich will sie dir vermitteln. Und das Beste ist, sie funktionieren. Und sie funktionieren auch für dich. Körperlich und psychologisch stabil sein, das hat man mir von der Pike auf beigebracht. Mein Leitmotiv fürs Leben?

Kämpfe. Überlebe. Hol dir deine Belohnung für den hart geführten siegreichen Kampf ab!

Ein siegreich geführter Kampf bedeutet für mich, dass es keinen Spielraum für ein kämpferisches Versagen geben darf. Diese doch recht eigensinnige Einstellung wende ich in allen Lebensbereichen an. Im Beruf. In der Liebe. In der Gesellschaft.

Als aktiver Soldat war die Belohnung für meinen Eigensinn der Erhalt des eigenen Lebens. Schon Sun Tzu schrieb:

Nun muss, damit sie den Feind töten, der Zorn unserer Männer erweckt werden. Damit sie im Schlagen des Feindes einen Vorteil erkennen, müssen sie Belohnungen bekommen.

Was die Kämpfer damals bekamen, war klar. Gold. Silber. Diamanten. Und etwas zu essen. Dabei übersahen sie das Essenziellste. Sich selbst! Krieg ist scheiße, Kamerad. Du möchtest sicherlich nie selbst die Waffe in die Hand nehmen, ihm zu begegnen. Was aber, wenn der Krieg zu dir kommt?

Während du dich in deinen Gedankengängen verlierst, eine Sache noch bevor es losgeht. Es geht in diesem Buch um Krieg. Und um Frieden. Ich war lange Zeit Krieger. Bevor ich aber die Uniform anzog, war ich einfach Mensch. Das blieb ich auch, der Uniform zum Trotz. Man hat mir beigebracht, ohne Hass und ohne Leidenschaft zu kämpfen, wobei mit Leidenschaft der große alles verblendende Zorn gemeint ist. Meine Gegner habe ich respektiert. Immer. Wir waren uns auf Augenhöhe, sehnten wir uns doch alle nach der Ruhe, die das Endes eines jeden Sturmes mit sich brachte. Und so blieb unterm Strich stets die Erkenntnis, und das ist eine der besseren Eigenschaften eines jeden Kampfes, dass ein Miteinander nach der Bataille durchaus im Bereich des Möglichen lag. Es gibt eine Zeit für alles, Kamerad. Fürs Kämpfen. Aber auch für den erstrebenswerten Zustand des Friedens untereinander. Vergiss das nie.

Rückblick?

Am liebsten erinnere ich mich an die erlernten Dinge, die sich hinterher nicht bewährt haben. An all die brutalen Niederlagen. An das, was misslang, und die damit verbundene Enttäuschung, aber auch an die seelische Plage und an die unzähligen kleinen Narben überall am ganzen Körper. Sie sind mir wie ein Spiegel, in den ich gerne hineinschaue. Die richtigen Lehren aus vermasselten Situationen zu ziehen ist verdammt wichtig. Genauso wichtig war es, den körperlichen Schmerz mitzunehmen, mich hineinzufühlen, ihn zu hüten wie einen Schatz. Er lehrt mich Demut. Und er erinnert daran, dass nichts umsonst ist. Du möchtest etwas vom Leben? Gut! Hol es dir, aber zahl den Preis.

Etwas weiter oben im Text sprach ich vom *Davonkommen* und von den *Straßen der Gewalt*, auf Französisch *rues barbares.* Um in beiden Domänen zurechtzukommen, um zu überleben, braucht man einen starken Willen, etwas Glück und viel Wissen gleichermaßen. Dieses Trio gut proportioniert angewandt, ist unschlagbar.

Bevor wir uns jedoch raus ins Gelände begeben, eine Sache noch. Für dich mögen einige der beschriebenen Vorgehens- und Verhaltensweisen einer gewissen Paranoia entspringen. Andere würden sogar sagen, der Legionär spinnt. Aber ich lebe, und das verdanke ich teils meiner Brutalität, teils der Anwendung schmutziger Techniken, aber auch der Tatsache, dass ich mir immer einredete, es sei noch lange nicht zu Ende. Den Zeitpunkt *Game Over* bestimme ich, nicht irgendwelche Umstände oder mein Gegenüber. Ich war stets vom *wachsam sein* imprägniert. Und von der Idee, dass von jetzt auf dann und ohne Vorwarnung Schluss mit lustig sein konnte. In meinem Hirn gab es da ein kleines Wort. Antizipation, Bruder. Genau das war immer mein Joker. Der Kampf und die Antizipation.

TIPP zum Überleben in allen Lebenslagen: Schätze die Situation und somit deine tatsächlichen Chancen mit Ehrlichkeit und Realismus ein.

Scheu dich nicht, eine ehrliche Einschätzung der Situation vorzunehmen. Schaue der Situation so ins Auge, wie sie sich tatsächlich und aktuell vor deinem aufmerksamen Blick präsentiert, nicht jedoch so, wie du sie gerne hättest. Halte deine Erwartungen und deine Hoffnungen stets im Rahmen der realen Einschätzung der Lage. Sollte es dir passieren, weltfremd und mit unrealistischen Erwartungen direkt in eine reale Überlebenssituation zu starten, war's das dann. Du wirst vermutlich harsche Enttäuschungen hinnehmen müssen. Oder du wirst sterben. Auch deshalb – bereite dich innerlich stets auf das Schlimmste vor und freue dich, wenn es nicht eintritt!

Wie viele Menschen würden sich noch des Lebens erfreuen, wenn sie ganz einfach immer mit dem Schlimmsten gerechnet hätten, dies aber nie taten, weil wachsam zu sein Tatkraft und Energie im Dauermodus erfordert. Diese Energie und Tatkraft jedoch zu vernachlässigen, bringt dich – gerade in heutigen Zeiten – schneller ins Grab, als es dir und den Deinen lieb ist. Antizipiere. Führe dir zu jeder Stunde deines Daseins folgenden Satz vor Augen.

ES KANN MIR UND MEINEN LIEBEN IMMER ALLES UND ZU JEDER ZEIT PASSIEREN! AUCH DAS SCHLIMMSTE!

Bevor wir ans Eingemachte gehen, noch ein wichtiger Hinweis. Immer wenn ich es als notwendig empfinde, den Text klarer und verständlicher rüberzubringen, werde ich der Anschaulichkeit halber auf Erfahrungen aus meiner Zeit bei der Fremdenlegion wie auch auf meine Erfahrungen als Private-Security-Mann zurückgreifen. Aber verlieren wir keine Zeit. Es geht los.

Einzelkampf? Wirklich?

Machen wir uns nichts vor. Um Erfolg zu haben, reicht der Einzelne nicht. Ein Filmbeispiel gefällig? Sylvester Stallone alias Rambo (First Blood) war Gehirnwäsche. Geiler Film, großartiges Skript, super umgesetzt, aber eben amerikanischer Kitsch. Vietnamveteran John Rambo, Ex-Green-Beret und ehemaliger Kriegsgefangener des Vietkongs (Charlie), wird in einer US-Kleinstadt physisch misshandelt. Er mutiert wieder zum Einzelkämpfer, flieht und mischt im Anschluss seine Verfolger derart auf, dass vonseiten der Zuschauer keine Wünsche offenbleiben. Ich weiß, was Einzelkampf bedeutet. Deswegen an dieser Stelle mein Veto. Ob jetzt im Sauwaldhof beim EK-Lehrgang der Bundeswehr, am CEFE im Urwald Guyanas oder anderswo: Auf der Verpackung steht immer in großen Lettern EINZELKÄMPFER oder EINZELKÄMPFERLEHRGANG. Das liest sich gut und hört sich sehr markant an. In der Wirklichkeit jedoch – einige Ausnahmen bestätigen diese Regel umso mehr – bewegst du dich bei typischen Einzelkämpferaktivitäten immer im Team. Alles, was du machst, geschieht im Gruppenrahmen. Einsickern, zuschlagen, wieder verschwinden und dabei leiden wie ein Hund – du bist niemals wirklich allein.

Ein nachhaltiger Erfolg stellt sich nur ein, wenn du jemanden hast, der dir den Rücken freihält. Du brauchst einen Bruder. Einen, der dich deckt, dich trägt, dich moralisch aufbaut und der dir, bist du verwundet oder krank, das Suppenhuhn in den Topf knallt und dir ein Süppchen kocht. Dies gesagt, wenn du für verzwickte Situationen übst, trainierst, oder dich bereits in einer verzwickten Situation befindest, habe immer das Bestreben, dir einen oder besser noch mehrere Mitstreiter zu suchen. Noch ein letzter Tipp. Du kannst so viele Bücher lesen, wie du möchtest. Doch nur wenn du rausgehst ins Gelände, in die Aktion, wenn sich Kälte, Nässe, Hunger, Wut und Schmerz einstellen, tritt ein gewisser Lernfaktor ein. Lernen durch Schmerz. Denk nach!

Escape
(Durchschlagen – Entkommen – Abhauen)

Leben heißt leiden, überleben heißt im Leiden einen Sinn finden.
– Friedrich Nietzsche

Ich habe das Recht, aus dem Rahmen zu fallen, wenn ich es kann. Das sagte kein Minderer als Albert Schweitzer. Der Meinung bin ich auch. Kein Allerweltsmensch sein. Dinge anders machen und laut schreien, wenn mir danach zumute ist. Das ist genau mein Ding. Im Februar 2025 hatte ich eine verrückte Idee. Ich wollte 100 Kilometer durch Schweden marschieren. Nichts Besonderes? Gut! Wer mich wirklich kennt, weiß, dass ich es uns nicht so einfach machen wollte. Uns? Nun, das war zumindest der ursprüngliche Plan. Ich hatte zwei bekannte Outdoor- und Survival-YouTuber angeschrieben, höflich nachgefragt, ob sie nicht etwa Lust hätten, einige Tage mit mir zusammen auf einen gemeinsamen, aber höchst ungewöhnlichen Survival-Trip zu gehen. Ich bekam zwei Absagen. Aber das ist nur eine Randnotiz.

Was hatte ich also vor? Ich wollte 100 Kilometer Strecke machen. Das von mir angesetzte Zeitfenster betrug 72 Stunden. Immer noch nichts Außergewöhnliches? Das dachte ich mir auch. Nicht nur wollte ich diese 100 Kilometer innerhalb von 72 Stunden hinter mich bringen, sondern das auch noch barfuß.

Da ich aber, so denke ich, aus einem edlen Stall komme (Para Legion) nun das berühmte Tüpfelchen auf dem i. Als einziges Gepäck würde ich (ihr seht also, ich habe mich entschlossen, das Ding allein durchzuziehen) eine kleine Umhängtasche Typ Mil-Tec bei mir haben. Darin nur mein Kampfmesser, ein Feuerstahl und ein Angelhaken mit etwas Schnur. Es versteht sich, dass auch Platz für meine GoPro-Hero-Neun-Action-Cam und deren Batterien sein musste. Nichts zum Essen, nichts zum Trinken. Doch, so sagte ich mir, wo es ein Tüpfelchen auf dem i gibt, ist auch die Kirsche auf der Torte nicht weit.

Von Anfang bis Ende würde ich Handschellen tragen. Vor dem Körper. Wie ein Schwerverbrecher. Ich würde um die Ecke biegen wie ein Hochkrimineller, der es geschafft hatte, aus dem Gerichtssaal zu fliehen, um lautlos und ohne Tamtam in den Wäldern Schwedens unterzutauchen. Und nun muss er stapfen, der Knastbruder, so weit und so schnell seine Füße ihn tragen. Sich in Schmerzen, Hunger und Kälte hineinfühlen, sie brutal spüren, aber bestenfalls verdrängen.

Was ich damit bezwecken (beweisen) wollte?

- Ich wollte beweisen, dass eine Flucht (und das Überleben) selbst unter schwierigsten Bedingungen möglich ist. Das hat etwas mit dem von mir bereits erwähnten Combative Mindset (kämpferischer Grundgedanke) zu tun.
- Dass mit Thomas Gast trotz seines hohen Alters in der nationalen und internationalen Outdoor- und Survivalszene noch zu rechnen ist.

Zum letzten Punkt höre ich meine Frau schmunzeln und leise sagen: *Ach, ihr hochmütigen Männer mit euren stupiden, kindlichen Schwanzvergleichen!*

Okay. Wo sie recht hat, hat sie recht. Aber Männer sind nun mal so. Mal ehrlich. Wer sich Mann schimpft und nicht in Richtung *life is a challenge* denkt, sollte sich hinterfragen. Weiterhin, so sagte ich mir, kann ich schlecht ein Buch schreiben in dem wiederholt von Flucht, Überleben, Blackout, Einzelkampf und ähnlichen Dingen die Rede ist, wenn ich nicht mal annährend selbst in der Lage bin, die Strapazen auf mich zu nehmen, die andere Menschen mit diesen Begriffen assoziieren. Ich würde sagen, es ist eine Sache der Ehre.

Nun verhält es sich aber so, dass zu dem Zeitpunkt, an dem ich diese Zeilen schreibe (Mitte Juni 2025), noch nicht klar war, ob ich das Vorhaben auch tatsächlich durchziehen kann oder werde. Möglicherweise verlässt mich zwischenzeitlich der Mut. Oder ich werde krank. Da ich Ersteres ausschließe, bete ich zu Gott, dass er mich vor Krankheit verschont.

Leitfaden für Männer auf der Flucht

Wir Männer agieren geradlinig, strikt und nach universellen Richtlinien. Wir sind frei von Lug. Betrug ist uns ein Fremdwort. Wir halten Wort, sind mutig und fair, können aber auch übelst gemein werden. Vor allem dann, wenn man uns stellt und in die Ecke drängt. Hier unser Leitfaden.

Dein Ehrenkodex

1. **ARTIKEL EINS** – Ich bin ein Mann, der ums Überleben kämpft. Diesem Überlebenskampf widme ich meinen ganzen Willen, meine gesamte Energie.
2. **ARTIKEL ZWEI** – Freien Willens werde ich niemals aufgeben. Aufgeben ist keine Option.
3. **ARTIKEL DREI** – Sollte ich je in Gefangenschaft geraten, werde ich jede mir bietende Gelegenheit zur Flucht nutzen.
4. **ARTIKEL VIER** – Um durchzukommen, zu überleben, bin ich bereit, körperliches und seelisches Leid zu ertragen, das über alle Normen hinausgeht.
5. **ARTIKEL FÜNF** – Aufkommende Ängste werde ich mit der besten Waffe bekämpfen, die ich habe: das unerschütterliche Vertrauen in meine Fähigkeiten.

Dieser Leitfaden bedeutet für dich als Flüchtender und als Kämpfer nur eines: Keiner kann dir ans Knie pissen. Niemand wird dich je erwischen. Tut er es doch, wirst du die Oberhand behalten. Nicht etwa, weil das Recht unbedingt auf deiner Seite steht, sondern weil dein Hirn eine mentale Bestie ist, umgeben von einem Körper aus Stahl. Ich kenne deine nächste Frage.

Wie geht das?

Wie kriege ich es hin, einen Körper aus Stahl zu bekommen und gleichzeitig einen Willen an den Tag zu legen, der selbst die allerschlimmsten Situationen dominiert? Müsste das nicht bedeuten, dass ich körperlich hart trainiere und mich geistig auf die Ebene eines Muay-Thai-Lehrlings begebe?

Richtig!

Und der Weg dorthin?

Selbstdisziplin. Raus aus der Opferrolle, rein in den Machermodus!

Mich erreichen sehr viele E-Mails mit folgendem Inhalt:

Thomas, ich komme nicht in die Gänge, ich bekomme meinen Arsch nicht hoch, ich bin nicht motiviert, weiß nicht, wie ...?!

Stopp!

Ich habe es satt, den Männern immer wieder zu erklären, wie Leben geht und was sie tun müssen, um etwas Positives zu schaffen. Dabei ist es doch so einfach. Zwei Worte nur: Einfach machen. Punkt! Der weiteste Weg beginnt mit dem ersten Schritt.

Mark Zuckerberg und Jeff Bezos?

> *Spielen Sie die Bösen gegeneinander aus. Teilen Sie sie. Die Sicherheit unserer Erde hängt davon ab. Schüren Sie Krieg zwischen ihnen (den Bösen) oder Sie werden niemals Frieden haben. – Jean de La Fontaine*

Was wissen Milliardäre in den USA, was wir nicht wissen sollen? Warum bauen sie Bunker, kaufen abgelegenes Land und lagern Ressourcen, als gäbe es kein Morgen? Vom Silicon-Valley-Freak bis hin zu den Wall-Street-Eliten, bereiten sich die Reichen nicht nur auf eine Katastrophe vor, nein. Es scheint tatsächlich so, als erwarten sie *die* Katastrophe.

Warum machen Typen wie Mark Zuckerberg und Jeff Bezos das? Ich sag's euch. Sie tun es, weil sie wissen, dass der Kollaps unmittelbar bevorsteht. Unter diesen Bedingungen in den Städten zu bleiben wäre Wahnsinn pur.

Die Reichen begnügen sich nicht damit, der kommenden Katastrophe passiv entgegenzuschauen. Stattdessen bereiten sie sich aktiv vor. Aber man muss nicht Mark oder Jeff heißen, um die Zeichen an der Wand lesen zu können, denn Fakt ist: Es stinkt gewaltig! Du brauchst also nicht mal lesen zu können, sondern musst nur deine Nase in den Wind halten. Bezos und Zuckerberg haben zwei enorme Vorteile uns gegenüber. Sie haben mächtig Kohle. Und sie haben die Wahl, dort zu bleiben, wo sie die zum Überleben notwendigen Resources überschauen, verwalten und beschützen können.

Wir hingegen haben nur die Augen zum Weinen. Na ja, das stimmt nicht ganz. Uns bleiben auch die Füße zum Marschieren. Und uns bleibt der bereits erwähnte Ehrenkodex. Den kannst du mit Gold nicht aufwiegen. Und er kann mit etwas Willen und ohne große Fantasie auf alle Bereiche deines Lebens übertragen und angewandt werden.

Du hast also die Entscheidung getroffen, deine vier Wände zu verlassen, du willst oder musst flüchten? Anbei einige Bedingungen, die alle erfüllt sein sollten, damit du dein Vorhaben unter besten Voraussetzungen beginnen kannst. Ist eine der Bedingungen nicht gegeben, überleg dir, ob du nicht besser daheimbleibst.

- **Die Erkenntnis** – in der Stadt ist es gegenwärtig weitaus gefährlicher als auf dem Land oder in der Wildnis – trifft genau ins Schwarze. Hast du die Absicht, dich outdoor in Luft aufzulösen, dich und deine Familie dort in Sicherheit zu bringen, dann bereite dich gut vor. Da draußen zurechtzukommen ist kein Zuckerschlecken.

  Ich zum Beispiel wohne in Lappland. Wenn du dort im Winter bei knallharten minus dreißig Grad längere Zeit draußen bist, geht die Überlebenschance ohne fundierte Kenntnisse gegen null. Du gehst vor die Hunde, wärst in ein paar Tagen tot. Luchse, einsame Wölfe und Bären würden sich an dem laben, was von dir übrig bleibt. In einer kalten Umgebung ist es viel schwieriger, den Grundbedarf an Wasser und Nahrung zu decken, als in einer warmen Region. Eine adäquate Unterkunft zu finden oder selbst eine zu bauen ist nicht leicht. Vor allem dann nicht, wenn dein Gehirn ein Eisklumpen ist und du vor lauter Kälte die Finger nicht mehr spürst. Und selbst wenn die Grundbedürfnisse erfüllt sind (Wasser, Nahrung und Wärme[1]), benötigst du viel Glück und den absoluten Willen zum Überleben. Es gab Fälle, in denen sehr gut ausgebildete und gut ausgerüstete Personen große Kälte nicht überlebten, weil ihnen ganz einfach der Überlebenswille fehlte. Umgekehrt hat ein eiserner Wille auch weniger gut ausgebildeten (und weniger gut ausgerüsteten) Personen geholfen, zu überleben. Finde den Fehler!

Gerade war die Rede von großer Kälte, von Eis und Schnee. Aber machen wir uns doch nichts vor. Auch der Urwald hat seine eigenen Gesetze. Wenn du die nicht einhältst, hast du fertig. Das Leben loggt dich aus, so einfach ist das. Es ist in jedem Umfeld das gleiche Spiel. Egal wo du bist oder wohin deine Füße dich tragen, eine Gewissheit bleibt. Wenn du dich mental nicht auf das Worst-Case-Szenario vorbereitest, hast du verspielt. Also, pass auf deinen Arsch auf, überlasse nichts dem Zufall und schalte bei allem, was du unternimmst, zuerst dein Hirn ein.

- **Du solltest zu jeder Zeit deinen geografischen Standort genau kennen.** Von diesem Standort ausgehend, muss es dir ein Leichtes sein, deinen Zielort und den Weg dorthin zu ermitteln. Wenn es kein GPS, keine funktionierenden Satelliten und demzufolge auch keine Handynavigation mehr gibt, mach eine Wegeskizze oder fertige dir eine Karte an. Wie du den Norden ermittelst, war Thema in *Survival für Anfänger*[2].

[1] Eine ansprechende Unterkunft, Feuer und warme Kleidung wie Jacke, Schal, Hose, Handschuhe, Stiefel, Mütze, alles, was eben dazugehört, nebst einer gut ausgewählten Winterausrüstung!

[2] Thomas Gast. 2022. *Survival für Anfänger*. Das große Survival Buch für das Überleben in der Wildnis: Notfallnahrung, Überlebensausrüstung, Wasseraufbereitung und vieles mehr!

Wähle eine Route, die nicht in einer Sackgasse endet. Wenn du mit einer Karte arbeitest, beschrifte diese nicht. Mach keine Eintragungen. Berühre um keinen Preis mit deinem schmutzigen Finger dein Ziel und falte die Karte nicht so, dass jeder dahergelaufene Profiler sofort erkennen kann, wo dein Ziel liegen könnte. Warum das Ziel nicht berühren? Nun, zum einen legst du damit eine Spur. Sollte dich nämlich jemand schnappen oder die Karte geht verloren, weiß ein aufmerksamer Gegner, insofern er ein guter Beobachter ist, sofort, wo du hinmöchtest. Und dann kann es sein, dass am Zielort deine Freunde auf dich warten. Du würdest sie mit deinem unprofessionellen Verhalten (Fingerprint auf der Karte) verraten. Alles gesehen, alles erlebt!

- **Du musst in der Lage sein,** dich schnell und zielorientiert dorthin zu begeben, wo du hinmöchtest. Für den eventuellen Rückweg sollte es sich genauso verhalten. Nimm immer deinen maximal bestückten BoB-Rucksack (volles Equipment) und eine legale Waffe mit (wir verstehen uns?). Was alles im Rucksack sein sollte, ist vom Klima und von der augenblicklichen Situation abhängig. In *Survival für Anfänger* erkläre ich dir alles ausführlich. Darüber hinaus ist es von absoluter Wichtigkeit, ein minimalistisches Überlebenskit am Mann, also direkt am Körper, zu tragen. Es soll so winzig sein, dass es bei oberflächlich geführtem Abtasten (Gefangennahme, Checkpoint) nicht gleich gefunden wird. Die Rede ist von einem EDC. Was das bedeutet und was drin sein soll, dazu komme ich im entsprechenden Kapitel.

Es sind einige Stichworte gefallen, auf die ich kurz eingehen werde:

- ***Knallharte minus dreißig Grad!*** Die Rede ist also von großer Kälte.

Achtung Erfrierungen!

Finger, Nase, Ohren und Füße sind am anfälligsten. Achte unbedingt auf folgende Symptome:

- Die Extremitäten sind sehr kalt und du spürst ein leichtes Kribbeln.

- Alles fühlt sich taub an.
- Deine Haut beginnt auszusehen wie Wachs.
- Die Haut lässt sich nicht frei über Fleisch und Knochen ziehen oder schieben, wie es im Normalfall die Regel ist.

Im Jahr 2022 habe ich mir während einer nächtlichen Outdoorexkursion bei minus 24 Grad Celsius die Nase erfroren. Das war deshalb eine knappe Kiste, weil ich sie mir nichtsahnend fast abgerissen hätte. Da war nämlich kein Schmerz. Kein Gefühl. Nur ein minimales Alarmzeichen in meinem Hirn, das da sagte: Vorsicht!

Nun zu den Tipps, die ich dir in Sachen Erfrierungen mit auf den Weg geben möchte:

- **Versuche nicht, eine Erfrierung zum Beispiel am Feuer oder mit warmem Wasser aufzuwärmen!**
- **Schütze die entsprechenden Stellen vor weiteren Erfrierungen oder Verletzungen.**
- **Reibe die erfrorene Stelle auf keinen Fall mit Schnee ab.**
- **Massiere sie nicht.**
- **Lockere stattdessen eventuell einschnürende Kleidung.**
- **Rauche nicht. Tabak verengt die Blutgefäße noch mehr. Trinke keinen Alkohol!**
- **Suche, wenn möglich, medizinischen Beistand.**

Spätestens beim letzten Punkt müsste es bei dir Klick machen. Wenn du dich in arger Not befindest, dann kommt niemand, der dich rettet. Medizinischen Beistand wird es nicht geben. Also noch mal zum Mitschreiben: Setze dich nicht unüberlegt Gefahren aus. Schalte dein Hirn ein, *bevor* du agierst, und lege großen Wert auf deine mentale und materielle Vorbereitung. Fokussiere dich immer nur auf das Jetzt. Achte dabei auf jedes noch so kleinste Detail, möge es dir noch so unbedeutend vorkommen.

Zurück zu Escape. Bei uns in Europa war lange Zeit alles palleti. Selten kam es vor, dass normale Personen gefesselt, gekidnappt, gefoltert und außer Landes verschleppt oder dass vereinzelte dieser Komponenten – allen bestehenden Rechten und Gesetzen zum Trotz – tatsächlich angewandt wurden. Das hat sich mit der Zeit leider geändert. Vor etwa fünfzehn Jahren wurde eine neue Epoche eingeleitet. Ich nenne sie die Whistleblower-Ära. Wieder zehn Jahre später kam die Lockdown-Zeit, haarscharf gefolgt vom Ukrainekrieg. Das war im Jahr 2022. Na ja, der Krieg hat schon lange vorher begonnen, aber davon wollen gewisse Herren, ich nenne sie die ***Liga der außergewöhnlichen fünf Prozent***,[3] nichts hören. Es ist nun mal so, dass das erste Opfer eines jeden Krieges stets die Wahrheit ist.

In den Gebieten Europas, in denen ethnische Konflikte herrschen oder in denen Krisen und Kriege toben, kommt es durchaus vor, dass Piloten von Hubschraubern und Kampfjets in die Hände ihrer Feinde fallen. Immer dann nämlich, wenn ihre Maschine hinter den feindlichen Linien abstürzt oder abgeschossen wird, und sie sich gerade noch so mit dem Fallschirm in Sicherheit bringen, oder den Hubschrauber vielleicht in extremis sicher landen können. Dann gibt es noch diejenigen Soldaten, Kommandos von Spezialeinheiten zum Beispiel, die im Zuge eines heiklen Auftrages von der Truppe abkommen. Das passiert immer wieder mal. Oder du bist von der Sorte Mann wie etwa mein Schwiegervater, der, damals in der DDR lebend, eines Tages den Rucksack packte und mit Frau und Tochter auf Nimmerwiedersehen in der Natur verschwand, darauf hoffend, bei der Flucht in die BRD ein glückliches Händchen beziehungsweise schnellere Füße als die Verfolger zu haben.

Der gemeinsame Nenner?

Alle, der Whistleblower mal ausgenommen, müssen oder mussten sich durch Feindesland zurück zur eigenen Truppe durchschlagen oder sich zumindest durch Geländeabschnitte kämpfen, in denen es nicht unbedingt von gut gesinnten Menschen wimmelte. Das Szenario steht. Und abwegig ist es keinesfalls, wie uns der Krieg in der Ukraine täglich vor Augen hält.

---

[3] Aufmerksame Zuschauer meines YouTube-Kanals wissen, wer mit der *Liga der außergewöhnlichen fünf Prozent* gemeint ist.

Vom zivilen Szenario zum militärischen Auftrag

Wie man sich im Gelände orientiert, davon berichte ich ausführlich in *Survival für Anfänger*. An dieser Stelle noch eine Ergänzung dazu. Vor Durchschlageübungen mit nächtlichen Gewaltmärschen hat man uns damals beigebracht, das Kartenmaterial im Vorfeld schon ausgiebig zu studieren. Das Gelände war dann in der Festplatte namens Hirn abgespeichert. Gleichzeitig fertigten wir mit wenigen Strichen eine grobe Skizze an. Auf diese Skizze werde ich, ob ihrer Wichtigkeit, noch mehrmals zu sprechen kommen. Es scheint mir jedoch von Bedeutung, anzumerken, dass es sich bei dieser Wege- beziehungsweise Geländeskizze nur um den Ausschnitt einer übergeordneten Karte handelt. Was dieser Skizze ganz fehlt, weil es bewusst nicht aufgenommen wird, sind Anhaltspunkte wie Längen- und Breitengrade sowie irgendwelche Koordinaten. Sollte diese Skizze je in falsche Hände geraten, wäre das kein Beinbruch. Der neue Besitzer könnte damit nichts anfangen.

Ziel war es immer, nachts von A nach B zu kommen, und zwar ohne sich zu verirren. Zielsicher dort ankommen, wo wir hinwollten, war jedoch nur Teil eines übergeordneten Schemas. Dieses Schema gestaltet sich grob wie folgt:

- INFILTRATION – Beginn von dem, was sich Marsch zum Feind nennt. Hier gilt es, sich dem Feind zu nähern.
- SICH TAKTISCH BEWEGEN – mit dem Gelände eins werden. Das vor allem, ohne sichtbare Spuren zu hinterlassen und ohne dabei erwischt zu werden.
- NAHVERSTECK BEZIEHEN – Vor Ort Kontakt mit freundlichen Kontingenten aufnehmen. Ergänzende Informationen empfangen. Das Nahversteck beziehen. Eigene Beobachtungen starten. Auswerten. Lage beurteilen. Entscheidungen treffen.
- ZUSCHLAGEN – Den Auftrag ausführen, meist in Form eines Handstreichs[4] mit oder ohne Feindkontakt.

---

[4] Ein Handstreich ist ein überraschender, überfallartiger Angriff, der darauf abzielt, den Gegner ohne effektive Verteidigungsmöglichkeiten zu überwältigen. Es handelt sich um eine Aktion, die den Gegner völlig unvorbereitet trifft, oft mit dem Ziel, ein militärisches oder politisch wichtiges Ziel schnell und unkompliziert zu neutralisieren.

- EXFILTRATION – Unter Berücksichtigung der unter Punkt zwei aufgeführten taktischen Aspekte auf schnellstem Wege zum Ausgangspunkt zurückkehren.

Punkt B lag immer ganz in der Näher einer Linie, meinetwegen der Linie *Erstschlag* (angenommen), die sich im Gelände mit einer anderen Linie senkrecht kreuzt. Karte studiert. Skizze angefertigt. Gefechtsbereitschaft hergestellt? Alles gut! Die ursprüngliche Karte wurde verbrannt und los ging es in die tiefschwarze Nacht. Einzige Orientierungshilfe eine grobe Geländeskizze und deine Erinnerung an die Karte, abgespeichert auf deiner Festplatte. Der vorgegebenen Richtung über eine längere Strecke zu folgen war eine ebenso große Herausforderung wie auf die fünfzig Meter genau die Distanz einzuhalten. Bei einer Strecke von drei Kilometern, kein Problem. Bei dreißig Kilometern sieht die Sache anders aus. Allerhöchste Aufmerksamkeit ist zu jeder Zeit gefragt. Da wir fast immer im Team arbeiteten, gab es drei oder vier kleine Elemente, Kommandos genannt.

Jedes Kommando hatte einen klar definierten Auftrag. Außer bei bestimmten Gelegenheiten wie zum Beispiel einer Durchschlageübung in Friedenszeiten für das Abarbeiten gewisser Ausbildungsabschnitte, arbeitet das Voraus- beziehungsweise das Erkundungskommando ausschließlich mit einem ganz normalen Kompass. Marschkompasszahl ermitteln, Missweisung[5] beachten und gut ist es. Ging es um die Distanz, praktizierten wir das Zählen der sogenannten Doppelschritte. Dazu nahmen wir einfach einen Meter Paracord, zählten hundert Meter im Gelände nach der Doppelschrittmethode ab und machten dann einen Knoten. Wer jetzt zählen kann, ist im Vorteil.

Na? Aufgepasst? Dreißig Knoten ist gleich wie viel Meter im Gelände?

Wenn du diese Methode oft genug anwendest, wirst du mit der Zeit und mit einigen grauen Haaren mehr immer genauer. In der absoluten Theorie ist eine Fehlerquote von mehr als fünfzig Metern über eine Distanz von drei Kilometern schon recht selten.

---

[5] Die Missweisung, auch Deklination genannt, ist die Winkelabweichung zwischen dem magnetischen und dem geografischen Nordpol.

Mein Auftrag an dich:

Geh raus in flaches Gelände. Markiere einen Startpunkt. Miss mittels GPS oder einem anderen technischen Hilfsmittel genau hundert Meter in einer gerade Linie ab. Markiere den Endpunkt. Lege die Strecke erneut zu Fuß und ohne Hilfsmittel zurück und zähle dabei deine Doppelschritte. Insofern du ein Mann bist, wirst du sicherlich im Bereich zwischen fünfundfünfzig und zweiundsechzig liegen. Mit der Zeit wirst du feststellen, dass diese Doppelschrittzahl, je nachdem ob du dich im flachen Gelände, bergab oder bergauf bewegst, variiert. Es gibt auch Abweichungen je nachdem, ob du normal läufst oder im Dauerlauf unterwegs bist, also rennst.

Ein Element in Zugstärke (30 Mann) kann so in einer Nacht und unter optimalen Bedingungen etwa zehn Kilometer zurücklegen. Seid ihr nur zu zweit oder zu dritt (oder weniger als zehn Mann), schafft ihr die doppelte Strecke. Bist du allein, machst du deine dreißig Kilometer. Das ist wie gesagt harter Tobak, aber ich habe es vorgemacht. Wir mussten alle da durch. Geschlafen, verpflegt und Wunden geheilt wird tagsüber im Versteck. Ist Punkt B erreicht, und steht der Kontakt mit dem Partisan (Informant), geht es über in die eigentliche Planung und Ausführung des Auftrags. Dies geschieht mit Sicht ins Gelände und unweit des sogenannten Nahverstecks.

Das Nahversteck

- Nah = Nähe zum Einsatzort.
- Versteck = Du bist unsichtbar.
- Unsichtbar = es finden kaum Bewegungen statt außer den absolut notwendigen!

Vom Versteck zu dem Beobachtungsposten, von dem aus du mit bloßem Auge Blick auf das Objekt hast, sind es in der Regel nicht mehr als hundert Meter. Kein Feuer, mein Freund. Kaum Bewegung. Nicht mal kacken ist mehr angesagt. Nur noch die letzten Feinheiten und

Absprachen der Kommandos und die absolute Konzentration auf die eine Aufgabe. Es ist drei Uhr morgens, stockdunkle Nacht. Es ist die Zeit, in der Menschen den tiefsten Schlaf haben. Es geht los. Lautlos. Geradlinig. Tödlich. Das Ziel und den Vordermann nie aus den Augen verlierend! Nach verrichteter Arbeit beginnt das Sichlösen vom Feind und die Exfiltration. Headcount im Nahversteck, alle sind da und schon sind die Kommandos wieder dorthin unterwegs, wo sie hergekommen sind. Nur dass die Strecke dieses Mal geringer ist, da die Exfiltration auf nur halbem Weg per Buffalo[6] weitergeht.

Überlegung am Rande:

Zu einem bestimmten Zeitpunkt, es müsste so Mitte des Jahres 2024 gewesen sein, wurden Stimmen laut, dass die Möglichkeit einer Generalmobilisierung der Bundeswehr (in Schweden eben der Försvarsmakten) inklusive Reservisten besteht. Einige Klugscheißer, zu denen ich zugegebenermaßen auch gehörte, diskutierten offen die Möglichkeit, dass im Falle einer solchen Mobilisation Deutschland beziehungsweise Schweden ihre Grenzen dicht machen würden, nur um zu verhindern, dass sich Männer im wehrfähigen Alter und potenzielle Reservisten vom Acker machten. Mein Blick fällt auf äußerst brutale Zwangsrekrutierungen ukrainischer Männer im wehrfähigen Alter. In meinem Fall hätten sie die Rechnung ohne den Wirt gemacht, denn ich hatte innerhalb von Tagen ganz konkrete Pläne geschmiedet, wie ich mitsamt Familie Deutschland (oder Schweden) über die grüne Grenze verlasse. Ohne irgendwelche Spuren zu hinterlassen. Wohin, das bleibt mein Geheimnis. Ihr seht also, alles ist möglich, man muss nur antizipieren und darf gewisse Eventualitäten nicht wegleugnen.

Hier einige grundlegende Überlegungen:

- Als jemand, der sich von A nach B zu Fuß oder per PKW durchschlagen muss, ohne dabei entdeckt zu werden, ist es von großem Vorteil, wenn du völlig autonom unterwegs bist. Die Rede ist hauptsächlich von Nahrung und Wasser, aber auch von all

[6] Buffalo = Einsatzhubschrauber. Puma? Blackhawk? CH-53?

den Dingen, die dich wehrhaft machen. Die Nahrungssuche unterwegs geht stets zu Lasten deiner Leistungsfähigkeit und des schnellen Vorankommens, da es sich um eine Tätigkeit handelt, die alle Ressourcen in Vollzeit mobilisiert. Also schließen wir das aus. Folglich ist dein Rucksack (oder allgemein das Gepäck) schwer, da du Lebensmittel für die gesamte Dauer der Mission transportierst. Und er wird noch schwerer sein, wenn du Frau und Kind bei dir hast. Das Ende der Aktion ist nicht vorhersehbar.

- Für kurzfristige und sehr spezifische nadelstichartige Aktionen ist es notwendig, das Gewicht zu reduzieren, deine Bedürfnisse auf ein Minimum zu beschränken. Das gilt vor allem immer dann, wenn du nur zu Fuß unterwegs bist. Müdigkeit und Erschöpfung sind beim Rendezvous. Aber ob jetzt zu Fuß, mit dem Fahrrad oder per Pkw, du kämpfst in jedem Fall mit ständiger Unsicherheit. Das zermürbt einen Ochsen. Aber nicht dich. Du weißt schon, aufgeben ist keine Option.
- Du redest mit niemandem über deine Fluchtpläne. Falls die Familie mit im Boot ist, weihe sie erst ein, wenn sicher ist, dass die Möglichkeit, sich zu verplappern, nicht mehr existiert. Den Fluchtplan trägst du im Kopf mit dir herum, niemals schriftlich oder mit digitalem Fingerprint.
- Eine gute Kenntnis der ungefähren Strecke reduziert den Stressfaktor. Wenn du das Gelände kennst, es vielleicht auf Google Earth oder Google Maps eingesehen hast, bist du denjenigen gegenüber im Vorteil, die diese Kenntnis des Geländes nicht haben. Achtung: Lösche rigoros und auf täglicher Basis den Suchverlauf von PC und Handy.
- Durch vorausgegangenes körperliches Training, mittels Vorsorgemaßnahmen gegen zahlreiche Krankheiten und Beschwerden sowie durch Anwendung einer strengen Selbstdisziplin (keine Völlerei, kein Alkohol, kein Tabak, keine anderen Drogen) ist es möglich, die Auswirkungen der bevorstehenden Strapazen auf deine Gesundheit zu reduzieren. Es versteht sich von selbst, dass du den Kindern, vor allem wenn sie noch im Schulalter oder

jünger sind, mit körperlichem Training gar nicht erst zu kommen brauchst. Dafür aber kannst du sie mental fit machen. Wie? Lies mein Buch *Mental Survival*[7].

Bei allen mehr oder weniger kämpferischen Abenteuern benötigt der Mensch gewisse Eigenschaften. Eigenschaften, die es ihm ermöglichen, am Leben zu bleiben. Gewisse Faktoren stellen sich dem Überlebenswillen entweder entgegen oder sie begünstigen die Flucht positiv. Kommen wir kurz zu einer dieser Eigenschaften.

Der psychologische Faktor (Angst)

Eines Tages klopft die Angst an die Tür.
Der Mut stand auf und öffnete, aber da war niemand draußen.

– Unbekannt

Den Angstfaktor ausschalten

Wenn du dich auf der Flucht befindest, wirst du es unweigerlich mit der Angst zu tun bekommen. Angst, erwischt, verletzt, gefoltert oder getötet zu werden. Angst auch, es einfach nicht zu schaffen. Hinzu kommt die Angst vor dem Alleinsein oder gar die Angst, deine Lieben nie wieder zu Gesicht zu bekommen, bevor jemand (oder etwas) dir den Garaus macht.

Angst ist also die tägliche Ration deiner neuen Normalität. Und eine psychosomatische Reaktion. Körper und Geist sind fast immer gleichermaßen betroffen. Ich habe Männer gesehen, die sich vor Angst nicht mehr rühren konnten. Unfähig sich zu bewegen oder zu sprechen, standen oder saßen sie einfach nur da und glotzten Löcher in die Luft. Wieder andere kotzten. Sie würgten alles raus, was im Bauch war. Danach ging es ihnen besser und sie hatten sich wieder im Griff.

---

[7] Thomas Gast. 2023. *Mental Survival.* Mentale Stärke und Resilienz für Männer - Prinzipien für mehr Disziplin und Willenskraft - Ängste überwinden, Ziele erreichen und einen starken Charakter entwickeln.

Einmal habe ich einen Mann gesehen, dem, plötzlich von panischer Angst befallen, die Haare bündelweise ausfielen. Diese Story habe ich anderen erzählt. Sie glaubten mir nicht, und doch war es so. Ich selbst hatte drei oder vier Situationen erlebt, in denen meine Hände so stark zitterten, dass es mir unmöglich war, mit ihnen irgendetwas anzufangen. Ich war handlungsunfähig. Auch klar denken war nicht drin. In einer gefährlichen Situation den Abzug nicht betätigen zu können, weil das Hirn zwar sagt: *Drück ab*, der Finger den Befehl aber missachtet, ist fatal.

Angst ist also ein Bastard. Und dieser Bastard kann deine Chancen zu überleben ruinieren. Oder er kann die Chancen zu überleben multiplizieren. Hört sich schräg an, richtig? Es ist aber so!

Vielleicht hilft es dir weiter, wenn ich dir sage, dass es zwei Arten von Angst gibt. Du weißt schon, die Angst, die dir Flügel verleiht: Du wächst über dich hinaus. Und die Angst, die dich, wie oben bereits beschrieben, paralysiert. Letztere pusht dich in die Opferrolle. Ihr zu entkommen ist schwer. Hoffnungs- und Hilflosigkeit verstärken das paralysierende Angstgefühl. Ich weiß es, ich bin da durch.

Darüber sprach ich mal mit einem Professor an der Klinik für Neurologie in Kaiserslautern (fragt mich bitte nie, was ich dort zu tun hatte!). Dieser Weißkittelträger, der sich, ob seines Titels, für den lieben Gott hielt, hielt mir einen ellenlangen Vortrag. Er sprach von Furcht, Panik und von Angst in einer Art und Weise, als wisse er ganz genau Bescheid. Soll ich euch was sagen? Nichts wusste er. Gar nichts! Die einzige Panik, die diesen Typen in seinem ganzen Leben je befallen hat, war wohl die, dass die Kantine schloss, bevor er sich seine tägliche Ration Pommes und den üblichen Latte macchiato einverleiben konnte. Aber ich schweife ab.

Die Kernidee ist die, dass du der Angst nicht ausweichen solltest, indem du die Existenz einer Bedrohung und somit die Existenz deiner Angst verneinst oder wegleugnest, sondern dass du deine Angst als eine normale Reaktion auf eine bedrohliche Gefahr akzeptierst. Nur daraus resultiert entschlossenes und zielgerichtetes Handeln.

Zielgerichtet agieren = höhere Chancen, mit dem Leben davonzukommen!

Das erinnert mich an einen meiner Gruppenführer während meiner Zeit bei den Fallschirmjägern der Fremdenlegion. Saito, so hieß der Unteroffizier, war Japaner. Er hatte mir beigebracht immer zielgerichtet zu agieren. Doch was heißt das genau?

- Lage innerhalb von Sekunden erfassen und beurteilen.
- Fokus auf jetzt und hier.
- Eine Entscheidung treffen (selbst wenn sich hinterher herausstellen sollte, dass es die falsche[8] war).
- Sofort den Machermodus aktivieren.
- Nicht zwei drei Dinger auf einmal angehen, sondern nur diese eine Action, die jetzt wichtig ist, um Schaden abzuhalten oder Schaden anzurichten (clever kämpfen oder die Flucht ergreifen). Das impliziert, dass ich einen Kampf nur dann annehme oder führe, wenn ich davon überzeugt bin, ihn gewinnen zu können.
- Die Folgeaktion einleiten.

Ich habe Saito viel zu verdanken. Seine gute Ausbildung hat mir das ein oder andere Mal das Leben gerettet. Selbst hatte er nicht so viel Glück. Im Irak wurde er Opfer eines Hinterhaltes. Das war im Mai 2005, also lange nach seiner Zeit bei der Legion. Als Sicherheitsconsultant (um das Buchstabentrio PMC nicht zu verwenden) kannte er, den wir einst respektvoll Banzai[9] nannten, das Risiko. Er hatte sich blind darauf eingelassen. Ja, lieber Saito, das Leben hat seine eigenen Gesetze. Du warst dreißig Jahre in der Legion, hast alle Kämpfe gefochten, die es in diesem Zeitraum zu fechten gab – und es waren derer nicht wenige. Du hast nie auch nur einen Kratzer abgekriegt, bist dann raus ins Zivilleben und peng! Ruhe in Frieden, Banzai.

---

[8] Eine falsche Entscheidung zu treffen ist oft besser, als keine Entscheidung zu treffen!

[9] „Banzai“ ist ein japanischer Ausruf, der wörtlich „zehntausend Jahre“ bedeutet und sinngemäß als Jubelruf für langes Leben oder Sieg verwendet wird.

Um kurz den Begriff PMC näher zu erklären. Für PMCs ist die Ausbildung ein Kreis. Der beginnt bei *Heute lernen wir, wie das Gewehr auseinander und wieder zusammengebaut wird* und schließt sich mit *Jungs, ihr habt nun alles gelernt, was ihr benötigt, um eigenständig zu kämpfen; seht, da vorne ist die Front; von X gedeckt, von Y gesichert greifen wir den Feind gemeinsam linksumfassend an!* Am X-Day begleiten die Ausbilder ihre *Locals* also gerne mal bis hin an die Front. Das versteht sich von selbst. Dass dann aus dem Ausbilder im Saal ein in der Praxis an der Front zu folgendes Vorbild wird, ist auch klar.

PMCs (bei denen das M noch deutlich für *Militär* steht) sind also in der Tat *Provider*, Lieferanten von Kämpfern für den Einsatz an der Front. Ob sie sich nun Security Officer, Security Consultant, Ausbilder, Berater, Ingenieur, technischer Support, Drohnenoperator oder gar Geschäftspartner nennen, spielt keine Rolle. Es kommt alles auf dasselbe heraus.

Sicher, auf dem Papier handelte es sich um Zivilisten. Zivilisten jedoch, die Waffen tragen. Zivilisten, die diese Kriegswaffen auch benutzen. Und das tun sie ohne Skrupel. Und ja, haben sie denn einen Kampfauftrag, dann agieren sie taktisch wie eine gutgeölte, im Armeeeinsatz zusammengeschweißte Einheit. Eine Einheit, die, politisch instrumentalisiert, eine Botschaft an das Publikum des jeweiligen Krisengebiets bringt. Und diese Botschaft spricht ebenso von der Schwäche und den Unzulänglichkeiten (Ressourcen) regulärer Armeen westlicher Mächte im Angesicht terroristischer Bedrohungen, Staatenbildung und Wiederaufbau wie auch von der Macht der zivilen Sicherheits- und Rüstungsindustrie, die sich ebenso kontinuierlich wie skrupellos am Krieg oder an der Nachkriegsära bereichert.

Das Stichwort Waffe ist nun oft genug gefallen, und es schickt sich, einige wichtige Punkte rund um die Schusswaffe zu highlighten. Jede Schusswaffe erfordert die Einhaltung besonderer Sicherheitsregeln. Folgende vier Regeln sind besonders wichtig:

1. Jede Waffe gilt so lange als geladen, bis du selbst das Magazin entfernt und die Sicherheitsüberprüfung korrekt durchgeführt hast. Nimmst du eine Waffe entgegen, check zuallererst den

Ladezustand derselben, auch wenn er dir gemeldet wird. Vertraue diesbezüglich niemandem!

2. Richte niemals den Lauf einer Waffe (geladen oder nicht) auf etwas oder jemanden, insofern es sich bei diesem etwas oder jemand nicht um das zu neutralisierende Target handelt.
3. Halte den Zeigefinger vom Abzug fern. Kontakt zwischen Zeigefinger und Abzug bitte nur dann, wenn Kimme und Korn (Visier) im Ziel liegen und du tatsächlich das Feuer eröffnen musst.
4. Wenn du die Waffe einsetzt, sei dir zu hundert Prozent sicher, wer oder was da vorn dein Ziel ist. Bist du nicht sicher, ob Feind oder Freund: Stopfen![10]

Hier die Chronologie der Feuereröffnung (einfach geführter Feuerkampf) in acht kleinen Schritten:

- Gegner visualisieren und identifizieren.
- Erheben der Waffe.
- Zielen, anvisieren.
- Finger auf den Abzug legen.
- Feuer eröffnen, Schuss mindestens doppeln.
- Treffer bewerten.
- Rascher Blick nach links, nach rechts und kurz über die eigene Schulter hinweg.
- Feuerkampf wieder aufnehmen, falls notwendig!

Doch schnell zurück zur Angst. Die Akzeptanz deiner Angst ist zehnmal besser, als dass du die Angst verneinst und deswegen völlig desorientiert wie ein aufgescheuchtes Huhn in der Gegend herumläufst. Wer seine Angst verneint, stirbt sehr schnell. Nicht etwa direkt an den Folgen der Angst, sondern indirekt am allzu großen Heroismus. Helden, das wissen wir, sterben immer zuerst. Du bist kein Held, weil du keine Angst hast, sondern weil du in der Lage bist, der Angst mit deinem Mut entgegenzutreten. Knieschlotternd wenn es sein muss, aber immerhin. Rede dir also um Gottes willen kein schlechtes Gewissen ein, nur weil du

---

[10] Sofortiges Einstellen des Feuerkampfs!

Angst hast. Sag dir einfach immer wieder: *Ich habe Angst, okay. Na und? Angst ist weder Pest noch Cholera. Pest und Cholera bringen mich direkt um. Angst schafft das nur, wenn ich ihr Platz und Zeit einräume, sich in mir breitzumachen. Und das werde ich nicht zulassen. Weil ich leben will.*

Ich wollte, du könntest mir jetzt in die Augen schauen. Du würdest die Angst vergangener beschissener Situationen darin aufflackern sehen. Ja! Ich, Ex-Fremdenlegionär und Abenteurer, kann meine durchgestandenen Ängste, geschweige denn die nicht wenigen Augenblicke der Hilf- und Hoffnungslosigkeiten, gar mehr zählen, so viele waren es. Aber weißt du was? Ich kannte meine Gegner, war immer darauf vorbereitet, ihnen zu begegnen, um ihren dunklen Machenschaften einen Sieg zu entringen. Oder eben um eine Niederlage zu kassieren. Vorbereitet zu sein heißt nicht, immer den Sieg davonzutragen, aber die Attitude der Vorbereitung beschert dir einen enormen psychologischen Vorteil. Den nämlich, dass dir das Gefühl der Angst nichts mehr vormachen kann. Du weißt, dass sie nur eine Illusion ist. Eine ernstzunehmende zwar, aber dennoch Illusion. Natürlich hilft dir dieses Wissen im Augenblick der profunden Angst wenig, aber dein Unterbewusstsein kann es nun einordnen.

Illusion hin oder her, solltest du eines wissen. Wenn du etwas siehst, das wie Gefahr aussieht, dann ist es auch eine Gefahr!

Wie eine Person auf Angst reagiert, hängt oft weniger mit der Situation an sich als mit der Person selbst zusammen. Oh nein, es ist nicht immer der, der vom körperlichen Aspekt aussieht wie ein unzerstörbarer Rock (Fels), der der Angst stets mutig entgegentritt. Und es ist auch nicht immer der narbige, böse dreinblickende Navy-SEAL-Typ (oder Fremdenlegionär), der Angst am besten handeln kann. Oft tut sich der schüchterne Spargeltarzan, einer also, der nie eine konsequente Ausbildung in Sachen Überleben oder Militär hinter sich gebracht hat, leichter damit.

Wir Militärs wurden darauf getrimmt, immer und überall Gefahren zu begegnen. Ihnen entschlossen ohne Furcht und Tadel manu militari entgegenzutreten. Den Feind und somit die Bedrohung zu vernichten, bevor sie uns vernichtet. Selbst nach unserer Militärzeit bleiben gewisse Reflexe haften. Und das ein Leben lang. Gehen wir früh aus dem Haus, zum Beispiel Richtung Bäcker, sehen wir nicht den Menschen, der uns da auf dem Gehsteig entgegenkommt, oder den, der in der Bäckerei Schlange steht, nein! Wir sehen überall potenzielle Feinde. Das ist zugegebenermaßen ein Fluch, aber so wurden wir erzogen. Und ja, es ist anstrengend, immer unter Strom zu stehen.

Angst, so lass es dir nochmals sagen, darf und muss erkannt und zugegeben werden. Lebe mit ihr, nutze sie zu deinem Vorteil. Mach sie zu deinem Verbündeten.

Ein Wort noch, bevor es hier weitergeht. Eine Gefahr ist erst dann eine, wenn sie sich tatsächlich manifestiert. Ich sage das, weil es sehr viele Menschen gibt, die grundlos verängstigt sind. Verlasse dich auf deine Augen. Wenn sie eine reale Gefahr sehen, dann ist es auch eine. Dann ist das die absolute Wahrheit. Alles andere ist Annahme. Und vor der Annahme brauchst du dich nicht zu fürchten. Tust du es dennoch, wirst du mit der Zeit und mit den Jahren paranoid. Annahme ist nur Kopfkino. Der Verstand nicht weniger Menschen sucht ständig nach Beweisen für das, was sie glauben, aber nicht sehen. Sie reden sich ein, dass immer alles schiefgeht und dass ihr Leben bedroht ist. Unter diesen Bedingungen konzentriert sich ihr Gehirn buchstäblich auf jeden Gefahrenindikator. Auf jeden noch so kleinsten Hinweis, dass bald Schreckliches geschieht. Dieses negative Mindset zerstört nicht nur die Moral, es lenkt auch vom Essenziellen ab, das da wäre, die Energie und die volle Aufmerksamkeit auf den eigentlichen Überlebenskampf zu richten. Besser wäre es natürlich, nach Beweisen zu suchen, die bestätigen, dass bislang doch alles gut gelaufen ist, damit sich das Gehirn vom Gefahrenspektrum so weit wie möglich entfernt.

Wir alten Militärs wandeln in dieser Beziehung auf dem schmalen Grat zwischen krankhaftem Misstrauen und Sprüchen vom kleinen Engel, der uns ständig ins Ohr flüstert: *Alles ist gut, entspann dich.*

Natürlich sollte man ständig auf der Hut sein, aber nicht immer in ständiger Angst leben. Im Laufe meiner langen Jahre in der Armee, also sehr oft mit Ängsten konfrontiert, habe ich für mich Erstaunliches herausgefunden. Nämlich, dass fast hundert Prozent der Ängste Reaktion auf nicht reale Gefahren (oder gar eine Reaktion auf die totale Abwesenheit jeglicher Gefahr) eigentlich nur einen Kampf zwischen meinem Bewusstsein und meinem Unterbewusstsein darstellten. Mir wurde schnell klar, dass ich in meinem Inneren etwas ändern musste. In meiner Einstellung zum Leben. Diese oft unbegründeten Ängste sagten mir eindeutig, dass in meinem Leben gerade etwas stattfand, was nicht stattfinden durfte, und dass ich auf dem Holzweg war.

So groß die Herausforderung auch ist, ich nehme sie an. Ich stelle mich ihr gerne, werde wohl aber immer weiter nur mit einem geschlossenen Auge schlafen, während das andere über meine Lieben wacht.

Folgende Dinge werden dir garantiert helfen, Angst zu minimieren, sie in den Griff zu kriegen oder gar zu kontrollieren:

- **Das Vertrauen in dich und in deine Fähigkeiten.**
- **Das Vertrauen in dein Equipment, in deine Ausrüstung.**
- **Das Vertrauen in die Kompetenz (Skills und Zusammenhalt) deiner Begleiter, deiner Weggefährten oder deiner Waffenbrüder.**
- **Die volle, nicht abgelenkte Konzentration auf das, was schlussendlich getan werden muss.**

Das Vertrauen in dich und in deine Fähigkeiten

Vertrauen kommt nicht von ungefähr. Du musst Vorarbeit leisten, dir dieses Vertrauen erwerben. Wie? Indem du dir Wissen aneignest. Egal was es ist, saug alles in dich auf. Nimm alles mit, lass nichts liegen. Arbeite viel mit deinen Händen. Lies Bücher. Sorge bereits im Laufe deiner jungen Jahre dafür, dass du dir ein breites Allgemeinwissen aneignest. Du solltest von fast allen Dingen etwas wissen. Dies gesagt, ist es aber auch richtig, dich in einer oder zwei Domänen zu spezialisieren. Sei in diesen von dir ausgewählten Domänen ein Crack. Ein gutes Beispiel hierfür wären die Jungs von den GCP. Bei den Männern handelt es sich um die Crème de la Crème der Antiterrorleute der Fremdenlegion. Jeder von ihnen hat ein umfangreiches generelles Wissen in Sachen Militär, Waffenausbildung, Taktik, Aufklärung,

Schießen, Nahkampf, ABC-Ausbildung etc., ist aber auch in einer ganz spezifischen Domäne ein absolutes Ass. So ist der eine ein voll ausgebildeter Sanitäter. Der andere ein Vollblut-Funker. Der nächste ist gelernter IT-Spezialist, wieder ein andrer ist ein Crack in Sachen Aufklärung und Renseignement, und so geht es durch die Bank weiter. Im Großen und Ganzen ist das eine runde Sache. Lerne, im Team zu arbeiten. Nur das Leben in der Gemeinschaft zeigt dir, zu was du wirklich fähig bist und wo deine Stärken (oder Schwächen) liegen. Oft ist es so, dass erst der Zuspruch und das Lob anderer dich auf diese Stärken und Fähigkeiten aufmerksam machen. Baue sie weiter aus. Arbeite an deinen Stärken. Jede gemeisterte Aufgabe lässt dich wachsen. Jeder Zentimeter Wachstum bringt dir Sicherheit und Vertrauen.

Eine wichtige Charaktereigenschaft, die du dir aneignen solltest, wäre die, *zurückzukommen*. Du weißt schon. Hinfallen, aufstehen, Krone richten und weiter. Du bist davon überzeugt, dass aufgeben keine Option ist? Du fällst in jedes Loch, krabbelst aber immer wieder aus eigener Kraft heraus? Du bist vom Typ Mann, der in jeden Scheißhaufen tritt, der aber immer saubere Schuhe hat, wenn es drauf ankommt, saubere Schuhe zu haben? Gut, weiter so!

Ich gebe dir hier ein Beispiel von hundert anderen, was Vertrauen in meine Fähigkeiten für mich bedeutete. Im Jahr 2021 richtete ich auf YouTube eine Frage an meine Community: Wer kennt einen Hundeführer, der mit seinem Hund (Bluthund, Polizeisuchhund, Mantrailer) gegen mich antritt? Die Challenge sollte folgendermaßen aussehen: Ich begebe mich mit zwanzig Minuten Vorsprung auf die Flucht. Nach Ablauf dieser Frist sollte der Hund die Suche aufnehmen, mich finden und stellen. Maximaler Zeitansatz: vier Stunden nach Fluchtbeginn.

Es meldete sich ein erfahrener Ex-Polizist mit seinem Malinois (Ghost, um den Namen nicht zu erwähnen). Ein Malinois ist ein belgischer Schäferhund. Diese Rasse kannte ich aus meiner Zeit bei den Fallschirmjägern der Fremdenlegion bestens. Wir hatten nämlich eine in die erste Kampfkompanie integrierte Hundestaffel. Neunzig Prozent von den Hunden waren belgische Schäferhunde. Wahre Teufel, kann ich dir sagen. Ihre Charaktereigenschaften? Schnell. Clever. Extrem aggressiv. Angstfrei. Kurze Zündschnur. Nichtsdestotrotz wusste ich von Beginn an, dass Ghost keine Chancen gegen mich haben würde. Warum? Weil ich mich kannte. Ich hatte großes Vertrauen in meine Fähigkeiten. Ich wusste, dass ich schneller sein würde als Ghost. Aggressiver auch, sollte er mich stellen. Und pfiffiger. Angst hatte ich keine. Auch nicht vor der Tiefe des Steilhangs, an dem ich mich mit einem leichten Seil und mit einem finalen gewagten Sprung in die Tiefe stürzte, um Ghost zu entkommen.

Was mich schon immer ausgezeichnet hatte, war eine unerklärliche momentane Schmerzfreiheit. Sie war einer meiner Trümpfe im Ärmel. Die Flucht vor Ghost führte mich durch schier undurchdringliches Gestrüpp. Natürlich rannte ich voller Absicht da durch. Dornen und wilde Brombeersträucher zerfetzten meine Haut. Den Schmerz spürte ich in der Aktion kaum. Erst später nahm ich wahr, dass die Stacheln tief in meine Haut und in mein Fleisch gedrungen waren. Aber meine Rechnung war aufgegangen. Der Hundeführer kam nur zögerlich da durch, und auch der Hund war am Kotzen. Ganz am Ende der Flucht stieg ich in einen Bach, folgte ihm ungefähr 500 Meter stromaufwärts und kroch dann in einen engen, stinkenden Tunnel, in dem es vor ekligen Spinnen nur so wimmelte.

Selbst für das Szenario, dass der Hundeführer Ghost von der Leine gelassen, dieser mich schlussendlich gestellt hätte, hatte ich eine Antwort. Sie hieß USMC MARK-2-Combat-Knife. Ich hatte großes Vertrauen in meine Fähigkeiten im Umgang mit diesem Messer. Niemals hätte ich es dem Hund erlaubt, mich zusammenzubeißen.

Um es vorwegzunehmen, ich war in meiner Flucht der erfolgreiche Sieger. Hätte ich Zweifel an mir gehabt, hätte ich das kaum geschafft. Deswegen mein Tipp: Verbessere dich ständig. Stell deine Vorgehensweisen meinetwegen infrage, aber zweifle nie an dir selbst. Hab Vertrauen in dich.

Du bist ein Mann der breitgefächerten Einsatzmöglichkeiten und du weißt es? Bravo! Wissen macht dich nicht nur mental stark, Wissen ist auch Macht. Wissen ist Kontrolle. Wissen schreckt böse Menschen ab. Dummköpfe oder minderbemittelte zweibeinige Kreaturen haben Angst vor Menschen mit großem Wissen. Genau aus diesem Grund ist es sehr clever, mit deinem Wissen nicht hausieren zu gehen. Das schafft Neid und Missgunst und beides schlägt sich oft um in Hass. Bist du aber gestellt oder kommst nicht voran, hilft dir Wissen unweigerlich weiter.

Das Vertrauen in dein Equipment, in deine Ausrüstung.

Teste dein Equipment, wann immer du kannst, und präge dir die dadurch gewonnenen Erfahrungswerte ein. Besser noch, schreib dir alles sorgsam auf. Sicherlich stellst du mir jetzt die Frage: Welches Equipment?

Scherzkeks!

Erinnere dich bitte an den Titel des Buches und an den Grund, warum du es gekauft hast. Die Rede ist von Tools, die dein Leben retten oder verlängern können. Dazu zählt der Meter-Paracord in deiner rechten Beintasche genauso wie die geladene Glock im Handschuhfach vorne rechts. Nein, ich spaße (oder?).

In der Annahme des schlimmsten Szenarios (Typ Endzeit, Bürgerkrieg, MOB-Out-of-Control, also Normalzeitende und Gesetz des Stärkeren längst in Kraft getreten) trage ich stets ein Messer bei mir. Die Rede ist nicht von einem Schweizer Taschenmesser, das allenfalls als Zahnstocher herhalten kann, sondern von einem KA-BAR USMC, bekannt auch unter dem Namen USMC MARK-2-Combat-Knife. Es ist das Beste, das ich je in der Hand hatte. Ich habe volles Vertrauen in das Teil. In den Jahren zwischen 1985 und 1987 besaß ich zwei davon. Waren wir draußen im Urwald unterwegs, trug ich eines am Mann, das andere befand sich am Rucksack, Schnellzugriff Typ Kommando. Wir nannten die Dinger bei uns einfach Camillus. Sie rosteten schnell, was nicht unbedingt ein Nachteil war. Man musste nur aufpassen, sich nicht selbst damit zu verletzen. Ihre Robustheit war damals schon legendär. Die Klinge, fachmännisch geschärft, erfüllt alle Wünsche, seien sie noch so makaber. Zu wissen, dass ich da ein Messer habe, das weder bricht noch die an es gestellten Aufgaben nicht meistert, war und ist eine gute Hilfe. Das schafft Vertrauen. Und so ist das mit jedem noch so kleinsten Ausrüstungsteil.

Du arbeitest mit Seilen, Karabinerhaken, GPS-Systemen, Schlafsäcken, Kajaks, verschiedenen Werkzeugen (verschiedenen Partnern) oder mit speziellem Outdoor-Gear? Teste deine Ausrüstung gründlich. Unter widrigen Umständen. An den unmöglichsten Orten und zu den unfassbarsten Zeiten. Taugt ein Teil nichts: weg damit. Ein anderes, besseres muss her. Eines, das den von dir gestellten Ansprüchen genügt. So kommst du an Erfahrungswerte und schaffst Vertrauen.

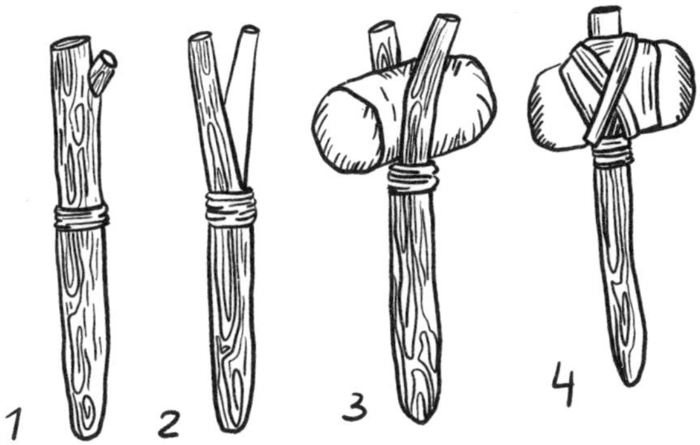

Einfache Waffe zur Selbstverteidigung, mit wenigen Handgriffen selbst gemacht.

Vertrauen in die Kompetenz (Skills und Zusammenhalt) deiner Begleiter, deiner Weggefährten oder deiner Waffenbrüder

Es geht nicht nur ums blanke Überleben, sondern auch darum, in einer kommenden Misere leicht und einfach zu leben. Beides ist im Gruppenrahmen einfacher. Ich sag dir klipp und klar, was du machen musst. Such dir Freunde und stell ein Team zusammen. Kommt es zum Schulterschluss, dann schau dir deine neuen Mitstreiter gut an, fühle ihnen auf den Zahn. In Zeiten der Gefahr gibt es nichts Schlimmeres als auf Menschen vertrauen zu müssen, von deren (menschlichen, moralischen, technischen und praktischen) Qualitäten du nicht restlos überzeugt bist. Oder über deren Qualitäten du gar nichts weißt. Das impliziert, dass du Freiwillige, Männer und Frauen, um dich scharren solltest, die du sehr gut kennst und mit denen du bereits (hoffentlich klingt das nicht zu militärisch) im Einsatz warst. Immer genau zu wissen, mit wem du es zu tun hast, ist essenziell, deshalb: Teste deine Partner bereits in Normalzeiten auf Herz und Nieren.

Anmerkung am Rande. Bei der Bundeswehr diskutiert man inzwischen offen über die Einführung einer neuen Art der Wehrpflicht. Die Verantwortlichen orientieren sich offensichtlich am schwedischen Modell. Es wird auch darüber diskutiert, Zwangsrekrutierungen durchzuführen, wenn das Soll – angestrebtes Ziel 260.000 Soldaten in der aktiven Truppe bis 2030, anders nicht erreicht werden kann. Ich bin der Meinung, dass du eine Armee mit Zwang kaputt machst und dass gerade im Soldatenberuf Qualität vor Quantität vorherrschen sollte. Zwang geht immer auf Kosten der Qualität. Kommt es zum Ernstfall, kannst du dir als Offizier (oder als Vorgesetzter allgemein) nie sicher sein, ob zwangsrekrutierte Männer wie ein Block hinter dir stehen. Wenn du delikate Einsätze durchführen musst, dabei aber immer wieder mit einem mulmigen Gefühl über deine Schulter guckst, weil du Angst hast, die Kugeln kommen nicht von vorne, sondern aus sechs Uhr – also von hinten –, kannst du einstellen. Mit einer Truppe aus Zwangsrekrutierten gewinnst du im Einsatz keinen Blumenstrauß. Ich spreche aus Erfahrung. Hier ein offizieller Text: *Laut dem* Spiegel*, der aus einem Gesetzentwurf zitiert, soll der Dienst Pflicht werden, wenn es einen „kurzfristigen Aufwuchs der Streitkräfte zwingend erfordert, der auf freiwilliger Grundlage nicht erreichbar ist". Demnach sollen das Kabinett und der Bundestag eine Zwangsrekrutierung etwa bei einer Verschärfung der Bedrohungslage beschließen.*[11]

Baut euer Netzwerk aus Freiwilligen aus, lernt euch kennen. Trefft euch einmal im Monat für ein gemeinsames Wochenend-Outdoorunternehmen oder tretet alle demselben Paintballsportverein der Stadt bei, wie auch immer. Bei den gemeinsamen Aktionen sollte es sich um etwas handeln, bei dem Mut, Schnelligkeit, Wille, Robustheit und Verlässlichkeit gleichermaßen gefragt sind. Dein Job ist es, herauszufinden, wer vom Team sich am besten als Chef der Gruppe eignen würde. Idealerweise ist es der- oder diejenige, die eine natürliche Autorität über die anderen haben. Der von jedem anerkannte Anführer sollte schnellstens eine Art Gruppenanalyse durchführen. Hier gilt

---

11 Pistorius definiert Kriterien für Wehrpflicht: https://www.tagesschau.de/inland/innenpolitik/wehrdienst-gesetz-entwurf-100.html.

es herauszufinden, ob alle Mitglieder moralisch ins Konzept[12] passen und über welche Qualitäten tatsächlich jeder Einzelne verfügt. Diese Gruppenanalyse könnte, nein, *muss* so aussehen:

- **Feststellung der körperlichen Fitness jedes Einzelnen. Wo sind seine Stärken, wo die Schwächen? Es gilt Folgendes: Stärken ➔ fördern. Schwächen ➔ Abhilfe schaffen.**

  Beispiel: In einer ganz besonders brenzligen Situation muss ein Mitglied der Gruppe im Commando-Crawl-Stil über ein zwanzig Meter langes gespanntes Seil klettern und sich danach, eine schwere Last auf dem Rücken, durch kniehohen Schlamm kämpfen. Der Boss sollte sofort wissen, wen er mit einer solchen Aufgabe beauftragen würde. Ist der Ernstfall schon da, gibt es keine Zeit für lange Diskussionen, Vorschläge oder Wünsche. Es muss ohne Verzögerung gehandelt werden!

Im Algerienkrieg mussten die Legionäre meines alten Regimentes oft in unterirdische Schächte und Tunnels kriechen, um dort im Dunkeln nach Fellaghas[13] Ausschau zu halten. Das war nicht nur eine gefährliche Sache (oft war's ein Himmelfahrtskommando), sondern es war auch psychologisch und körperlich höchst anspruchsvoll. Gefragt war eine totale körperliche Fitness, der perfekte Umgang mit Messer und Pistole sowie eine gesunde Portion Kaltschnäuzigkeit. Ich sprach oft mit einem alten Algerienkämpfer gerade über dieses Thema, fragte ihn, ob sie denn alle runter in die Tunnels mussten. Nein, war die Antwort.

Bei uns im Zug machten das immer die zwei Italiener!

Der Einheitsführer wusste also ganz genau, wen er mit welcher Aufgabe betrauen konnte und wen nicht. Verweilen wir kurz bei dem Vertrauen. Generell kann ich dir sagen: Vertraue niemandem. Dazu eine kurze Geschichte. Zeitsprung: Wir befinden uns in den 60er Jahren irgendwo in den USA. Ein Lkw kollidiert mit einem Pkw. Am Steuer

---

[12] Das Konzept basiert auf drei Pfeilern: Menschlichkeit. Fairness. Teamfähigkeit.

[13] „Fellaghas" ist ein arabisches Wort für „Räuber" oder „Banditen"; im Algerischen Unabhängigkeitskrieg (1954–1962) bezeichnete es jedoch Freiheitskämpfer gegen die französische Kolonialherrschaft.

des Pkws sitzt ein Oberst der US-Armee. Der Oberst verliert bei der Kollision das Bewusstsein. Schwerverletzt und bewusstlos ins Krankenhaus gebracht, beginnt er dort plötzlich perfekt Russisch zu sprechen. Was war los? Nun, es handelte sich um einen russischen Spion. Das Ganze drumherum mit dem Dienstgrad, der Uniform und seiner Stammeinheit diente hauptsächlich dazu, seine wahre Identität so gut wie möglich zu verbergen. In Korea sammelte er wertvolle Informationen, die er natürlich an den Kreml weitergab. Hätte es diesen Unfall nicht gegeben, niemals wäre er entlarvt worden. Was sagt dir das? Vertrauen ist gut, ab und zu etwas Kontrolle ist auch nicht schlecht!

Wählt den Boss!

Man hat dich als Boss gewählt? Bravo! Erinnere dich daran, dass Männer, die in Krisen- oder Kriegszeiten die Initiative ergreifen, die Lösungen suchen, die ständig agieren und andere motivieren, geeignete Chefs sind. Man nenne sie Anführer. Unter den Qualitäten, die bei einem wirklichen Führer ostentativ herausstechen sollten, gibt es eine, die unwahrscheinlich wichtig ist.

MACHEN!

Ein guter Chef sagt nicht, was es zu tun gibt, er macht es. Er geht mit bestem Vorbild voran. Ich selbst bin ein eingefleischter Einzelgänger. Und ich war mehr als einmal der Boss. Als solcher musste ich umdenken und weggehen vom Egotrip. In der Krise auf Teufel komm raus allein dein Ding durchzuziehen führt dich schneller ins Grab, als du denkst. Außerdem ist der Mensch ein Herdentier.

Im Krieg und in Krisenzeiten hast du es mit zwei Kategorien Mensch zu tun. Freund und Feind. Beim Feind ist die Sachlage klar. Er mag dich nicht und würde alles daransetzen, dich am Boden zerstört zu sehen. Bei sogenannten Freunden ist das leider nicht immer so klar. Warum nicht? Weil du deine Mitstreiter erst in brenzlichen Situationen so kennenlernst, wie sie wirklich sind. In Friedenszeiten haben sie alle eine große Klappe. Sie sind solidarisch und treu. Wenn's aber drauf ankommt, rennen sie die hundert Meter schneller als Usain Bolt, der

Weltrekordhalter über diese Distanz. Schön, meinst du? Dann sollte ich der Korrektheit halber hinzufügen, dass sie, Angst im Nacken, in die falsche Richtung rennen. Zur Angst gesellen sich Faktoren wie Unsicherheit, Gewalt, Eifersucht und Egoismus. Habe ich was vergessen? Unsicherheit, Gewalt, Eifersucht und Egoismus, das alles sind menschliche Regungen. Die musst du bei deinen künftigen Kameraden erkennen und handeln können. Also wähle deine Waffenbrüder mit größter Sorgfalt. Sortiere aus. Umgib dich nicht mit Platzpatronen, Lügnern und Schreihälsen. Leider findest du Letztgenannte auch im engsten Kreis der Familie. Such dir nur Menschen aus, die mit dir und der gemeinsamen Idee in die gleiche Richtung marschieren. Das Ziel ist immer das Überleben, aber bitte schön miteinander.

Als Chef drängst du darauf, dass sich alle Teammitglieder fit halten. Sie müssen körperlich auf ein homogenes Niveau gebracht werden. Verlange nichts weniger, als dass drei oder vier Mal in der Woche Sport gemacht wird. Gerne auf individueller Basis. Lege Wert auf Sport im Freien. Trainiert werden Ausdauer, Schnelligkeit und Kraft gleichermaßen. Deine Aufgabe ist es, einmal im Monat zu testen, ob deine Mitstreiter auch wirklich fit genug sind. Damit sie wissen, auf was sie zuarbeiten müssen, gib eine Liste mit den zu bewältigenden Aufgaben raus. Diese könnte so aussehen:

- 1500-Meter-Lauf (in Sportklamotten). Maximaler Zeitansatz: 8 Minuten.
- 8000-Meter-Lauf mit Rucksack (8 Kilo). Maximaler Zeitansatz: 60 Minuten.
- 4 Klimmzüge.
- 20 Liegestütz.
- 30 Sit-ups.

Für den gut durchtrainierten Teamkameraden hört sich das lapidar an, für den Ottonormalverbraucher hingegen, der kaum gewillt ist, sich ab und zu den Arsch aufzureißen, sind derartige Tests die Hölle. Aber Ottonormalverbraucher willst du sicherlich nicht in deinem Team. Gut wäre es, irgendwo im Wald oder in einem nicht einsehbaren Geländeabschnitt eine natürliche Hindernisbahn zu bauen. Es muss dafür nicht immer genagelt, gehämmert oder gebaut werden. Nehmt natürliche Hindernisse zum Drüberspringen, Hochklettern, Durchrobben etc. Das hört sich paramilitärisch an, ist es aber nicht. Vom Tragen einheitlicher Uniformen oder gar Waffen rate ich vehement ab. Alles, was wir wollen, ist fit bleiben und wachsam sein.

Kleiner Tipp am Rande:

Scharre deine Männer an einem Wochenende im Monat um dich. Mach mit ihnen einen Gewaltmarsch. Marschiere schnell und hart. Marschiere so lange, bis sie erschöpft sind und nicht weiterkönnen, nicht mehr weiterwollen. Wenn dieser Punkt erreicht ist, mach ihnen klar, dass sie bislang nur etwa fünfzig Prozent ihrer körperlichen und psychischen Kapazitäten nach außen gekehrt haben. Sie werden nachts in ihr Kissen heulen, dich hassen. Aber sie werden dich als Führer anerkennen und schätzen. Du bist der Boss. Was du von deinem Team forderst, ist viel. Vergiss nie, dass Führen durch Vorbild am effizientesten ist. Dementsprechend läufst du die 1500 Meter in sieben und die 8000 Meter in fünfzig Minuten. Und natürlich machst du sieben Klimmzüge, dreißig Liegestütze und fünfzig Sit-ups.

Festlegen eines Sanitäters oder eines Ersthelfers

In jeder Gruppe braucht es jemanden, der sich im Sanitätswesen bestens auskennt. Idealerweise hat er einen Ersthelferlehrgang, FPOS-1-zertifiziert. Der FPOS-Lehrgang ist in der internationalen Sicherheits- und Personenschutzindustrie Standard. Es bietet sich an, mehrmals zu üben, wie und unter welchen Umständen dieser Ersthelfer zum Einsatz kommt. Geübt werden die üblichen Szenarien, wie es sie auch bei jedem Erste-Hilfe-Kurs gibt. Beinbruch. Herzstillstand. Verarzten von Brand-, Schuss- und Schnittwunden. Aber auch Hitzschlag und Erfrierungen sollten auf dem Übungsplan stehen. Das regelmäßig zu trainieren stärkt nicht nur das Vertrauen der ganzen Crew in deinen auserwählten Sanitäter, es bringt für ihn auch Erfahrungswerte mit sich. Nur aus Erfahrung, aus Erfolgen (und Misserfolgen) kann man richtig lernen. Überlasse dem Sanitäter die Aufgabe, einen umfangreichen Erste-Hilfe-Kasten zusammenzustellen. Er soll sich eine Liste machen, was er mitzuführen gedenkt. Auch wäre es angebracht, für jeden Einzelnen der Gruppe eine Art kleinen Ordner anzulegen. Aufgeführt werden folgende Daten:

- Blutgruppe.
- Vorhandene Krankheiten (zu nehmende Medikamente).
- Die zu benachrichtigende Person im Falle eines Unfalls.
- Hausarzt?
- Familiensituation: ledig, geschieden, Kinder etc.
- E-Mail-Adressen, Telefonnummern (privat und beruflich).

Spezielle Kenntnisse

Lass dir erzählen, welche Backgrounds deine Teamkameraden haben. Oft entpuppt sich gerade der schüchterne Mann als Ex-Profisoldat, das sommersprossige Großmaul als Arzt oder Mathematikgenie und die vorlaute Brillenschlange als höchst sprachbegabt. Mehrere Sprachen im Team zu vereinen ist ein Plus und was das Mathegenie, der Arzt und Ex-Profi für Vorteile mit in die Gruppe bringen können, ist unermesslich.

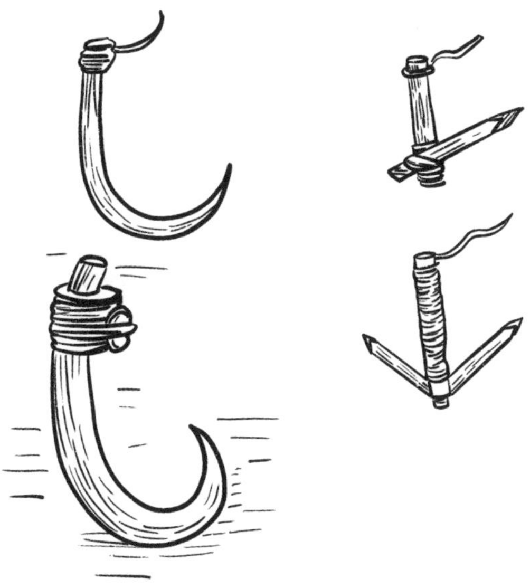

Angelhaken aus Holz oder Knochenresten.

Die volle, nicht abgelenkte Konzentration auf das, was getan werden muss

Fokus zieht der Angst den Zahn. Wenn du es der Angst zum Trotz schaffst, das zu tun, was getan werden muss, gehst du möglicherweise als Sieger vom Schlachtfeld. In unsrem Fall würde das bedeuten, dass du sehr wahrscheinlich überlebst. Das breite Spektrum aller zu meisternden Aufgaben nicht aus den Augen verlierend, fokussiere dich stets nur auf die Aufgabe, die in diesem Moment die wichtigste ist. Ich gebe dir ein selbsterlebtes Beispiel.

Im Jahr 1993 suchte ich in einer kalten, abscheulichen Kriegsnacht, bei fast völliger Dunkelheit, dem ständigen MG-Feuer der Serben ausgesetzt, nach einer verlorengegangenen Pistole. Während der Suche pfiffen die Geschosse haarscharf an mir und meinen Legionären vorbei. Die Gefahr war real, die Angst, getroffen zu werden, mittelprächtig groß. Die reale Gefahr nie aus den Augen lassend, und der Angst zum Trotz fokussierten sich meine Männer und ich nur auf diese Pistole, die irgendwo vor uns im Matsch und Schlamm liegen musste. Wir fanden sie schließlich und wundern uns heute noch, dass keiner von uns verletzt oder gar getötet wurde. Heute bin ich mir sicher, dass uns gar nichts passieren konnte, weil unsere ganze Energie und die totale Konzentration ausschließlich auf diesen einen Erfolg ausgerichtet waren. Bin ich abergläubisch? Es liegt an euch, darauf eine Antwort zu finden.

Tarnen. Täuschen. Sich taktisch bewegen

Von mir geschilderte Techniken können sowohl von aktiven Soldaten als auch von dir als Zivilperson übernommen werden. Es handelt sich um Richt- und Erfahrungswerte. Ich weise nicht immer darauf hin, wer sich was am besten zu eigen machen sollte. Diesen Prozess überlasse ich dir, beziehungsweise euch.

Ausgangslage Flucht zu Fuß: Seien wir ehrlich. Das Beste wäre, du wärst für alle unsichtbar. Klingt spannend? Unmöglich gar? Gut! Sicherlich ist die Idee spannend, aber in der Durchführung alles andere als unmöglich. Nur solltest du dazu über gewisse Taktiken und Grundkenntnisse verfügen. Hier sind die wichtigsten.

Camouflage (Tarnen)

Bei der Fremdenlegion lernten wir einfache, aber sehr effiziente Prinzipien des Tarnens und der Täuschung. Folgende fünf Buchstaben brachten es auf den Nenner.

- Forme – **FORM**
- Ombre – **SCHATTEN**
- Mouvement – **BEWEGUNG**
- Éclat – **SCHEIN / AUFBLITZEN**
- Couleurs – **FARBEN**

In der neueren Version, ab dem Jahr 2004, wurde diese Methode wie folgt ergänzt.

- Forme – **FORM**
- Ombre – **SCHATTEN**
- Mouvement – **BEWEGUNG**
- Bruit – **GERÄUSCH**
- Éclat – **SCHEIN / AUFBLITZEN**
- Couleurs – **FARBEN**
- Trace – **SPUREN**
- Odeur – **GERUCH**

Es gab noch weiterführende Ergänzungen, doch ich möchte euch nicht in die Irre, sondern zum Erfolg auf eurer Flucht führen. Jede Frau, jeder Mann, jeder Soldat oder Zivilist, der sich völlig unbemerkt und mit Erfolg von A nach B durchschlagen möchte, tut gut daran, sich an diesen Prinzipien zu orientieren. Bei ihrer praktischen Anwendung ist es besonders wichtig, darauf zu achten, dass durch die Tarnung weder die eigene Sicht noch die Beweglichkeit (oder die Waffenwirkung, falls Waffe am Mann) beeinträchtigt werden. Weiterhin ist das Tarnen als ständiger Prozess zu sehen. Immer wenn sich die Gelegenheit bietet, sollte sie erneuert oder der neuen Umgebung – was Farbe und Muster angeht – angepasst werden. Konturen müssen verwischt werden, der Mensch selbst mit der Landschaft verschmelzen. Selbst in Zeiten der Drohnenaufklärung ist das individuelle Tarnen keine obsolete Prozedur. Im Gegenteil! Tarnst du dich nur aus dem Grund nicht, weil in dir der Gedanke vorherrscht, die Drohne würde dich sowieso finden, dann wirst du mit hoher Wahrscheinlichkeit über kurz oder lang tatsächlich gefunden. Da ich auf den Einsatz von Drohnen später im Buch noch zu sprechen komme, übergehe ich dieses Thema fürs Erste.

Aller Vorsicht und der Tarnung zum Trotz kann der Wald ein Klima der falschen Sicherheit schaffen. Eine sich in ihm bewegende Truppe hinterlässt immer Spuren, die verfolgt werden können. Selbst wenn sich diese Truppe im Penetrationsmodus bewegt. An der Dschungelkampfschule der Fremdenlegion in Französisch-Guyana gibt es den Lehrgang *Eclaireur Jungle*. Jedem von diesen über lange Zeit hinweg professionell ausgebildeten Fährtenlesern genügt es, die Spuren, hinterlassen von einer sich bewegenden Truppe (oder einer Einzelperson), in Augenschein zu nehmen, um daraus zu lesen wie in einem offenen Buch. Er folgt dem Muster, das die Spuren unweigerlich am Boden hinterlassen, und ermittelt in kürzester Zeit nicht nur, wo die Truppe oder die Einzelperson mit ziemlicher Sicherheit ihr nächstes Biwak aufschlägt, sondern und vor allem ihre Hauptmarschroute. Und mit etwas Glück ihren Zielort. Außerdem darf man nicht vergessen, dass die neue Generation von Beobachtungsmitteln aus der Luft es ermöglicht, nachts wie tagsüber eine menschliche Präsenz trotz einer relativ dichten Vegetationsabschirmung zu erkennen. Der Rauch eines kleinen Feuers zum Beispiel kann von einem Flugzeug, einem Hubschrauber oder einer Drohne noch aus großer Entfernung entdeckt werden. Selbst nachdem das Feuer erloschen ist, bleiben winzige Rauchschwaden noch lange in den Baumkronen hängen. Was vom Boden aus unsichtbar ist, wird aus der Luft leicht erspäht.

Kurze Erklärung, was es mit dem Penetrationsmodus auf sich hat. In dichten Waldgebieten gibt es drei Arten, Strecke zu machen. Entweder schlägst du dir deinen Weg mit den dir zu Verfügung stehenden

Mitteln selbst frei.[14] Oder du infiltrierst das Gelände auf bereits bestehenden festen Wegen. Hier sind auch Wasserwege wie Seen, Bäche und Flüsse gemeint. Die erste Methode ist langsam, indiskret und sie frisst deine Energie fast komplett auf. Sie sollte deshalb tunlichst vermieden werden. Herkömmliche, bestehende Wege können vermint sein. Als alter Soldat weiß ich, dass Minen oder Fallen – in einigen Fällen sicherlich Menschenfallen – meistens überwacht werden. Also doppelte Gefahr! Das Vorrücken im Penetrationsmodus ist für das Vorankommen (oder für den Kampf im Wald) die am besten geeignete Fortbewegungsart. Vorteile:

- Schnell, unauffällig und sehr sicher.
- Die Natur wird belassen, wie sie ist.
- Geräuschkulisse niedrig.
- Kaum Spuren.

Du wählst einfache Geländeabschnitte, die nicht erst bearbeitet werden müssen, meidest Wege und huschst wie ein Schatten voran. Wann immer es möglich ist, sollte der Infanterist die Kammlinien nutzen, um Hinterhalte zu umgehen. Das erleichtert auch das Orientieren. Und es schützt das menschliche Potenzial, sprich seine Kraft und Energie. Was für den Soldaten gut ist, ist auch für dich gut.

ACHTUNG, KAMMLINIEN – Benutze sie nur, wenn sie dicht bewaldet sind!

Kurz ein Wort zu der Gefahr durch Minen. Nicht alle Länder haben die Ottawa-Konvention unterschrieben. Die Rede ist vom Übereinkommen über das Verbot des Einsatzes, der Lagerung, der Herstellung (Weitergabe) von Antipersonenminen und deren Vernichtung. Als ich 1985 in Französisch-Guyana Dienst tat, lernten wir, wie und wo insbesondere *booby traps*, Menschenfallen oder Antipersonenminen angebracht werden müssen. Sie sollten den Gegner an der Ausführung seiner Vorhaben hindern oder ihm dieselbe erschweren.

[14] Du haust dir richtiggehend den Weg mit der Machete frei. Das haben wir im Urwald Französisch-Guyanas oft machen müssen.

Die Ausbildung beinhaltete nicht nur das Anbringen, sondern auch das Aufstöbern von Menschenfallen jeglicher Art, ob es sich nun um hässliche *booby traps* oder kommerziell hergestellte Antipersonenminen handelte. In den Jahren zwischen 1985 und 1987 hatten wir in unserer Kompanie im Urwaldregiment[15] einen Hauptmann namens Na Champassak. Er war Laote. Im Gelände und bei allem, was den Urwald betraf, war Na Champassak schlichtweg ein Ass. Ob in Sachen Überleben, Fallenstellen oder im Anlegen raffinierter Hinterhalte, seine Kenntnisse und angewandten Techniken waren einfach genial. Seine Fähigkeit, mit wenig Material und in kürzester Zeit Menschenfallen anzulegen, war unübertrefflich. Wir lernten sehr viel von ihm. Heute sind Ausbildungen wie diese in der Fremdenlegion verboten. Zwar lernen die Legionäre, wie man es vermeidet, in IED-Fallen zu stolpern, aber grundsätzlich besteht das Verbot bezüglich der Herstellung von Menschenfallen und *booby traps*. Es ist ein Verbot, das ich begrüße. Herkömmliche Antipersonenminen sind die Pest. Länder wie Polen, Finnland oder die baltischen Staaten schicken sich an, die Ottawa-Konvention zu verlassen. Russland war nie drin. Der Trend geht also gefühlt in die falsche Richtung. Ich rechne damit, dass sich bald niemand mehr einen feuchten Kehricht um so etwas wie die Ottawa-Konvention schert. Für dich und deine Liebsten heißt das: Seid vorsichtig und wachsam. Achtet darauf, wo die Füße euch hintragen.

Du willst überleben? Dann nimm dir folgende Tipps zu Herzen!

1. Während der gesamten Bewegung bleibt das Handy aus. Oder du stellst es auf Flugmodus. In der Theorie heißt das, dass keine Funksignale gesendet werden. Doch Praxis und Theorie beißen sich. Denk drüber nach. Wecker ausschalten. Prüfe das. Schau nach, bevor du losmarschierst. Hast du Jungs und Mädels dabei und bist der Boss, briefe das Team dementsprechend und beharre auf die Durchführung und kontrolliere stichpunktartig.

---

[15] 3. Régiment étranger d'infanterie (3.REI) - 3. Infanterieregiment der französischen Fremdenlegion.

2. Denke bei all deinen Bewegungen stets an dich und an deine Silhouette und wie sich beide vor einem andersfarbigen Hintergrund abheben. Ich rede vom Kontrast. Trägst du eher dunkle Kleidung, bewegst dich aber vor einer hellen Baumreihe: No-Go! Jeder Späher, jeder scharfe Beobachter oder aufmerksame Gegenspieler wird dich über eine weite Distanz hinweg ausmachen.
3. Marschiere vorzugsweise nachts, bei Regen oder schlechtem Wetter. Auch bei starkem Wind. Regen ist Fallschirmjägerwetter; rate mal, warum. Im Umkehrschluss solltest du kleine Arbeiten (hacken, sägen, graben usw.) nicht bei starkem Wind durchführen, weil Wind die entstehenden Geräusche weit trägt.
4. Wenn es sich vermeiden lässt, laufe niemals in einem Talgrund oder auf kahlen Bergrücken. Im Tal befinden sich Wasserläufe, Brücken und Passagen. Oft werden genau diese peinlichst genau überwacht. Auf Bergrücken hebst du dich vor dem Horizont ab, vor allem wenn es dort keinen konsequenten Bewuchs gibt. Laufe an bewaldeten Hängen zwischen Tal und Bergrücken.
5. Wenn du Soldat bist, nimm deine Dienstgrad- und Einheitsabzeichen sowie das Namensschild und die Hundemarke (Erkennungsmarke) ab.
6. Nicht wenige Armeen bringen ihren Soldaten bei, in Survivalsituationen in Verbindung mit Flucht oder Escape unter folgenden Bedingungen auf gar keinen Fall zu marschieren: während eines Blizzards, bei sehr starken und kalten Winden, bei Regen und schlechter Sicht. Den Blizzard ausgenommen, schreit der Fremdenlegionär in mir ganz laut Veto. Gerade dann, wenn die anderen ihre Nase unten halten und nicht vor die Tür gehen, solltest du zum Leben erwachen. Nutze das, was wir Fallschirmjägerwetter nennen, zu deinem Vorteil, dich möglichst unbemerkt zu bewegen. Sauwetter und schlechte Sicht? Raus, raus, raus!
7. ACHTUNG: Ich habe einige Male miterleben müssen, wie Männer, die mehrere Schichten von Kleidern trugen (Zwiebelprinzip), dazu noch warme Jacken, Handschuhe und Kapuzen, sich in sich selbst verkriechen und ein kokonartiges Dasein führen.

So bekleidet, sind Gehör und Sichtfeld stark eingeschränkt. Die Betroffenen nehmen das Umfeld nicht mehr als real wahr. Für sie scheint sich alles wie in einem Film abzuspielen. Auch die geistigen Prozesse werden träge. Die Männer denken zwar, sie würden gut sehen, doch das ist oft eine Illusion. Dieses gruppenschädigende Verhalten muss von anderen Gruppenmitgliedern oder vom Boss erkannt und abgestellt werden. Sei deinen Leuten ein Vorbild. Zeig ihnen, dass du auch dann hellwach bist, wenn es sprichwörtlich Scheiße vom Himmel regnet.

Wenn du in deinem Beobachtungsposten bist und die vor dir liegende Landschaft gut beobachtest, bemerkst du, wie Büsche und Baumkronen sich gleichermaßen im Wind bewegen. Das ist ein Naturgesetz. Wenn sich aber in den Reihen der sich bewegenden Büsche einer nicht bewegt oder keiner bewegt sich außer einer – Vorsicht! Schau genau hin! Entweder liegt an dieser Stelle ein Tier oder ein Mensch. Es könnte dummerweise ein Mensch sein. Zieh dich behutsam zurück und verlasse das Gebiet auf Schleichwegen. Der Beobachtungsposten liegt idealerweise so, dass du freie Sicht hast. Du positionierst dich nicht etwa auf dem Kamm oder Höhenrücken, sondern eher am Vorderhang. Ziehst du dich hingegen zurück zum Ruhen, Verpflegen oder um die Zeit für andere Dinge zu nutzen, beziehe eine Stellung am Hinterhang. Wenn ich sage Hinterhang, ist damit das vom Feind abgewandte, abfallende Gelände gemeint. Handle immer so, als hätte der Feind oder wer auch immer Sicht auf deinen Beobachtungsposten. Wenn du aus dem Posten heraus oder wieder hineinschlüpfst, sei diskret! Halte die Tarnung immer hoch. Lass Vorsicht walten und lasse in dieser Achtsamkeit nie nach.

Das Gelände ist dein Freund. Und dein Vorteil, wenn du es zu nutzen weißt. Bist du fremd in der Gegend, kannst du das Gelände nicht unbedingt zu deinem Vorteil nutzen. Wann immer möglich, suche dir einen ortskündigen Führer. Er wird dich schnell und sicher auf Schleichwegen von A nach B bringen. Bezahle ihn gut. Stelle vor der Kontaktaufnahme mit ihm sicher, dass du, wie bereits erwähnt, weder Uniformteile noch sichtbare Abzeichen bei oder an dir trägst. Erwähne ihm gegenüber deinen Namen nicht und gib so wenig von dir preis wie möglich. Er soll vor dir, nicht hinter dir laufen und sich nicht mal kurz mit dem Versprechen absondern, gleich wieder zurück zu sein.

Kommen wir nun zur Tarnung.

FORM

Die Form des normalen menschlichen Aussehens muss gebrochen werden. Das ist leichter gesagt als getan. Arme und Beine müssen natürlich beweglich bleiben. Erstere benötigen wir zum Angriff oder zur Verteidigung, zur Aktion, Letztere, um uns fortzubewegen. Aktion und Mobilität haben absoluten Vorrang, wenn wir in der Bewegung sind. Bei statischen Aufgaben liegen die Schwerpunkte eher im Bereich der Sicht. SEHEN, OHNE GESEHEN ZU WERDEN!

Anders verhält es sich mit Kopf und Gesicht. Jedes menschliche Gesicht (Ausnahmen sind mir nicht bekannt) weist eine waagrechte Augenlinie (Linie von Auge zu Auge) und eine senkrechte Linie Stirn-Nase-Mund auf. Man spricht hier von einer T-Form. Gute Beobachter, Scharfschützen oder Jäger sehen und erkennen diese T-Form aus weiter Ferne und assoziieren sie sofort mit menschlicher oder animalischer Präsenz. Die T-Form ist auch bei gewissen Tieren sehr ausgeprägt. Bei Raubtieren ist diese Prägung ganz besonders auffällig.

Diese T-Form brichst du, indem du dein Gesicht tarnst. Farben und Tarnmuster müssen der Umgebung angepasst werden. Hier bitte nicht vergessen, dass sich diese Umgebung, bist du in der Bewegung, ständig ändert. Um dein Gesicht optimal zu tarnen, gibt es mehrere Optionen. Entweder legst du dir einen Tarnschal (Typ Sniper) zu oder du benutzt Tarnfarben – bei der Bundeswehr würde man sicher den Begriff Tarnschminke verwenden. Diese Farben werden direkt auf das Gesicht aufgetragen. Persönlich benutzte ich bei delikaten Einsätzen beide Varianten gleichzeitig. Bewegst du dich in europäischen Wäldern – unabhängig von der Jahreszeit –, nimm grün-braun-schwarze Töne. Die Sache ist einfach. Schau dich um. Welche Farben sind im Gelände dominant? Gib dir die Antwort selbst und wähle dementsprechend deine Gesichtsfarbe. Für schwarze Töne nahmen wir früher die Asche der Korken der Weinflaschen (dreimal darfst du raten, was mit dem Wein passiert ist). Nur war damals Kork noch echter Kork. Was das Muster anbelangt, darf es keine Standards geben. Wenn du Streifen wählst, du im Gelände aber eher Flecken und unförmige, eher runde Schatten siehst, sind Streifen nicht angebracht. Umgekehrt verhält es sich genauso. Wähle das Muster aus, das du beim Betrachten deiner Umgebung am meisten erkennst. Idealerweise arbeitet ihr zu zweit. Besser als du selbst, kann dein Partner den Effekt der aufgetragenen Tarnfarbe beurteilen und Mängel beseitigen. Solltest du die Möglichkeit haben, dir eine Ghillie-Tarnweste (Ghillie-Suit) zuzulegen, mach das. Diese Westen werden von Jägern, Snipern und Scharfschützen getragen. Sie bieten eine gute Ganzkörpertarnung.

SCHATTEN

Eine alte Weisheit besagt: Wo Licht ist, ist Schatten. Ich möchte dem Folgendes hinzufügen. Selbst sehr wenig Licht generiert Schatten. Wann immer es möglich ist, bewege dich nur nachts. Auch nachts entsteht Schatten, aber in weitaus geringerem Maße. Die Kunst besteht darin, im Schatten der Vegetation zu laufen und darauf zu achten, selbst keinen Schatten zu werfen. Das klappt nicht immer, aber man kann es üben. Geh tagsüber in den Wald und übe dich darin, über eine Strecke von 500 Metern von A nach B zu marschieren. Versuche, ständig im Schatten der Bäume zu laufen. Achte vor allem auf den von dir geworfenen Schatten. Du wirst mir recht geben, dass das kein leichtes Unterfangen ist. Nimm die Erfahrung mit, werte sie aus und versuch es zu einem späteren Zeitpunkt noch einmal, nur: mach es besser. Übung macht den Meister und irgendwann werden deine taktischen Bewegungen flüssig und geschmeidig.

BEWEGUNG

Bewegung zieht Aufmerksamkeit auf sich. Meist ist es so, dass man dich im Gelände erst ausmacht, wenn du dich bewegst. Tiere zum Beispiel wissen instinktiv, dass man sie meist nur dann sehen kann, wenn sie sich bewegen. Deswegen erstarren sie bei Gefahr. In sie kommt erst wieder Leben, wenn sie glauben, die Gefahr sei vorbei. Welche Lehren kannst du daraus ziehen?

Denk an das, was wir schon gelernt haben

- Nur nachts marschieren.
- Im Schatten laufen.
- Laufe langsam und mit Bedacht.
- Mache keine abrupten Bewegungen.
- Wenn du auf eine Lichtung zuläufst, um von dort einen besseren Einblick ins Gelände zu bekommen, vermeide Querbewegungen! Laufe, aus der Tiefe des Waldes kommend, geradlinig auf die Lichtung zu und ziehe dich geradlinig wieder zurück. Querbewegungen sind von Weitem gut auszumachen.

Stichwort *langsam laufen*: Ausnahme bildet das Überqueren von quer zu deiner Marschrichtung verlaufenden Furten, Bächen, Lichtungen, Wegen, Eisenbahnlinien oder Brücken. Hier ist Schnelligkeit angesagt. Je mehr Zeit du dir beim Überqueren lässt, desto größer ist die Chance, dass man dich sieht. Eine Lichtung sollte aber eher umgangen als überquert werden. Hingegen: Muss eine Lichtung überquert werden, überquere sie an ihrer schmalsten und am tiefsten gelegensten Stelle. Seid ihr zu zweit, zu dritt oder als Gruppe unterwegs, dann bildet eine Linie und überquert den Weg, die Furt oder den Bach Schulter an Schulter nebeneinander mit einem einzigen Sprung. Dynamisch. Schnell. Lautlos.

Laufe kräftesparend. Mit kleinem Gepäck (Rucksack bis zu zehn Kilo) solltest du nachts im Wald etwa zwei bis drei Kilometer die Stunde schaffen. Insofern du aus genannten Gründen keinen Gewaltmarsch machen musst, lauf nicht schneller. Auch wenn du dazu in der Lage wärst. Selbstredend spreche ich von eher flachem Gelände auf Waldwegen oder gut begehbaren Pfaden. Im Gebirge oder bei einem Marsch querfeldein, ohne Straßen, Wege oder Pfade zu benutzen (Penetrationsmodus), sieht das natürlich anders aus. Ich selbst habe

Märsche im Penetrationsmodus mitgemacht, bei denen wir knapp 800 Meter Luftlinie schafften, obwohl wir acht Stunden fast nonstop unterwegs waren. Doch das war exzeptionell, fand im Dschungel von Französisch-Guyana unter schwierigsten Bedingungen statt.

Da du nicht immer Zugriff auf dein Handy, also auf GPS hast, ist es wichtig, deine Doppelschrittzahl auf hundert Meter im Gelände zu kennen. Das ist deshalb so wichtig, weil du schon wissen solltest, wie viel Strecke du bewältigt hast, beziehungsweise wie viel Wegstrecke noch vor dir liegt. Und natürlich solltest du in der Lage sein, dich anhand von Karte und Kompass zu orientieren.

Wisse, dass ein GPS nicht immer und überall perfekt funktioniert. Das Kartenmaterial kann veraltet sein. Achte auf die Legende am Rand der Karte. Mir ist es einige Male passiert, dass ich auf der Karte virtuell in ein Gelände eintauchte, das in der Realität im Gelände einen ganz anderen, nicht zu erwartenden Aspekt aufwies. Auf diese Art und Weise habe ich mich einmal tierisch täuschen lassen. Meine Einheit nahm damals an einem Manöver mit der spanischen Fremdenlegion in der Nähe von Grenada teil. Nach einem Fallschirmabsprung aus niedriger Höhe bin ich mit meinen Männern die halbe Nacht marschiert, kam laut Karte an dem Punkt an, an dem die taktische Infiltration beginnen sollte. Doch das Gelände gab das nicht her. Und zwar überhaupt nicht. Ich glaubte mich verlaufen, erkundete das Gelände erneut und verlor dabei sehr viel Zeit. Gut, es war nur ein Manöver. Wäre mir der Fehler jedoch im scharfen Einsatz passiert, Nachtigall, ich hör dir trapsen. Das willst du nicht. Die gesamte Jagdkampfkompanie wäre mit Verzögerung in den Einsatz gestartet. Dass ich trotz nachträglich geäußertem *mea culpa* einen Einlauf von meinem Kompanieführer bekam, versteht sich von selbst.

Stichwort *nachts laufen und beobachten*: DIE GELÄNDESKIZZE.

Tagsüber sieht der Mensch mit bloßem Auge besser und weiter als nachts. An dieser Tatsache können auch die besten Nachtsichtgeräte nicht viel ändern. Oft ist es daher angebracht, sich die nachts zurückzulegende Strecke tagsüber anzuschauen und die Progression minutiös zu planen. Notwendig dafür ist der Blick auf die Karte, besser aber noch der Blick direkt ins Gelände. Abschüssiges Gelände ist besonders gut einzusehen. Nähere dich einer Lichtung, von der aus du den Blick frei hast. Achtung! Was haben wir gelernt? Richtig! Keine Querbewegungen! Fertige dir mit Blick ins Gelände eine grobe Skizze an. Am besten mit einem dicken schwarzen oder blauen Stift auf weißem Papier. Der Vorteil herbei ist, dass du fette schwarze oder blaue Linien auf weißem Papier auch im Halbdunkel der Nacht gut sehen kannst.

Markiere die Nordrichtung und trage das Ziel sowie die Zwischenziele ganz nach dem Schema *Von – Über – Nach* ein. Markiere fett die Geländeabschnitte oder Geländepunkte, die du unbedingt meiden willst. Das wären die Passagen, die aus der Sicht des Gegners von dir eigentlich passiert werden müssen, etwa Brücken oder Furten. Hebe mit einigen Strichen Geländemerkmale wie Waldgebiete, Seen, Straßen, Brücken und Kreuzungen hervor. Jetzt fehlen nur noch Entfernungsangaben, dein eigener Standort und die Marschroute. Da deine Skizze nicht maßstabgetreu ist, sind die von dir eingetragenen Entfernungen nur ein grober Anhalt. Halte die Skizze so einfach wie nur irgend möglich und präge sie dir gut ein. Besteht die Gefahr einer Gefangennahme, vernichte die Skizze. Steck das Ding in deinen Mund und schluck es runter, wenn es sein muss.

Kleiner Hinweis: Damit das Hirn etwas erkennt und richtig ein- oder zuordnet, müssen die Augen auf diesem Etwas ruhen. Den Kopf beziehungsweise die Augen zu schnell abzuwenden kreiert ein Durcheinander von Eindrücken. Lerne, deine Augen langsam von einem Punkt zum nächsten zu bewegen. Beobachte genau und beginne von rechts nach links. Danach lass deine Augen zum Ausgangspunkt zurückkehren und beginne dasselbe Spiel von vorn, nur noch etwas langsamer. Erst dieser langsame Rhythmus ist die wirklich detaillierte Observation. Was du jetzt siehst, ist wahr und identisch. Nimm es für bare Münze. Suchst du nach etwas Bestimmtem und ist dieses Objekt oder dieser Jemand weit entfernt und dazu noch klein, solltest du dir und deinen Augen sehr viel Zeit bei der Suche lassen. Überstürze nichts. Übersieh nichts.

Vermeide beim Suchen nach potenziellen Gegnern folgenden Fehler auf jeden Fall.

Suche nicht nach einem Ziel, das aussieht wie ein Mensch, mit Kopf, Armen, Beinen und einer Waffe in der Hand. Niemand, auch dein Gegenüber nicht, wird so dumm sein, all die Dinge, die du in diesem Buch über Tarnen und Täuschen liest, zu vernachlässigen. Wenn du also dein Hirn so programmierst, indem du es mit *Suche eine menschliche Form* fütterst, wird es sich genau darauf fokussieren. Und deine Augen werden nicht fündig. Suche stattdessen nach Teilen eines Mannes oder nach Teilen seiner Ausrüstung, zum Beispiel einen Absatz, eine Wasserflasche, einen Ellbogen oder ein Stück eines Rucksacks.

Wenn es richtig ist, dass du dich, wenn möglich, nur im Schatten bewegst, dann trifft das auch auf den Feind zu. Er ist nicht dümmer als du. Schenke beim Beobachten den Stellen im Schatten mehr Aufmerksamkeit. Natürlich heißt das im Umkehrschluss, dass du aus dem Schatten heraus beobachtest. Das nicht nur wegen der besseren Tarnung, sondern weil deine Pupillen sich im Schatten erweitern. Dein Blick aus dem Schatten heraus ins Helle wird klarer. Du siehst besser. Ein bekannter Scharfschütze aus dem Ersten Weltkrieg sagte, dass Beobachtungen bei Sonnenauf- beziehungsweise Sonnenuntergang bessere Resultate bringen als Beobachtungen mitten in der Nacht oder am helllichten Tag. Er begründete das damit, dass zu dieser Zeit die Schatten länger sind und das Licht der Sonne tiefer in gegenüberliegende Waldstücke und Büsche dringt.

Bei der Fremdenlegion habe ich Scharfschützenlehrgänge geleitet. Ich weiß also sehr wohl, was der Kollege aus den Zeiten der Grabenkriege meint. Er hat absolut recht. Meinen Schülern habe ich auch beigebracht, dass Geduld nichts anderes als eine Form der Selbstdisziplin ist. Sie können den ganzen Tag damit verbringen, das Gelände zu beobachten, ohne jedoch einen Feind auszumachen, oder aber sie sehen ihn sofort. In beiden Fällen und insofern der Feind nicht alarmiert ist oder sich im Aufbruch befindet, ist abwarten angesagt. Vielleicht findet sich ein besseres Ziel. Die Jungs haben das begriffen und mit Erfolg in Taten umgesetzt.

Stichwort Selbstdisziplin. Ich hätte da eine kleine Aufgabe – was sag' ich? – einen Auftrag für dich. Zieh deine Sportklamotten an. Idealerweise Kampfhose, Kampfstiefel und Sweatshirt. Nimm eine volle Wasserflasche mit. Begib dich damit in den nächsten Wald, ganz in die Nähe eines Baches. Du musst sein munteres Dahinfließen hören können. Lass die Flasche bitte am Bach, ohne jedoch vorher daraus zu trinken. Merk dir die Stelle und dann lauf los. Geh joggen, nein, renn dir sprichwörtlich die Seele aus dem Leib. Geh hart an deine Grenzen. Wenn du ausgepowert bist, kehr zur Stelle am Bach zurück, nimm die Wasserflasche, fülle deinen Mund mit einen großem Schluck Wasser, aber schlucke nicht runter. Behalte den Schluck im Mund. Jetzt setz dich nahe an den Bach, lausche seinem Fließen. Die höchste Form der Selbstdisziplin ist, wenn du es schaffst, eine halbe Stunde reglos dort sitzen zu bleiben, ohne das Wasser runterzuschlucken, ohne auch nur an das Wasser in deinem Mund zu denken!

GERÄUSCH

Es ist wichtig, so wenig Geräusche zu verursachen wie nur irgend möglich. Negativbeispiel: Du hast ein Kochgeschirr im Rucksack. Darin befinden sich lose Messer, Gabel und Löffel. Das klappert. Man hört es kilometerweit in die Runde, weil es hohe Töne sind. Apropos Rucksack. Wenn du ihn gepackt hast, nimm ihn hoch und schüttle ihn zwei-, dreimal kräftig. Klappert auch hier was, dann weißt du, dass du was umpacken oder anders verpacken musst. Gegenstände aus Metall kannst du mit Tüchern oder Stoff umwickeln. Socken und T-Shirts taugen hervorragend auch dafür. Und noch mal: Schalte dein Handy aus oder stelle den Flugmodus ein. Das Bajonett an deiner Hüfte (oder der Klappspaten) klappert beim Marschieren im Kontakt mit den Oberschenkeln. Sprich nicht laut. Vor allem nachts trägt deine Stimme sehr weit. Seid ihr zu zweit oder in der Gruppe, verständigt euch mittels vorher besprochener taktischer Zeichen. Das Öffnen eines Reiß- oder Klettverschlusses ist in einer kalten Nacht bis auf hundert Meter und weiter zu hören. Auf vielen Wegen liegt Splitt. Wenn du in den Wegspuren läufst, erzeugt das Töne, die weit tragen. Lauf lieber am Rand oder in der Mitte.

Macht folgende Übung. Freund A befindet, sich mit dem Handy oder dem Funkgerät bewaffnet, nachts im Nahversteck. Ihr wisst schon, mit einem Grubenfeuer, Schrägdach, halb ausgepacktem Rucksack, indischer Reispfanne des EPAs auf der Glut, alles gut getarnt und so weiter. Freund B, ebenfalls Handy oder Funkgerät in der Hand, begibt sich zunächst fünfzig Meter in die Richtung, in der mit Feinden zu rechnen wäre. Von dort fordert er Freund A auf, gewisse Aktionen der Reihe nach durchzuführen.

- Reißverschluss des Parkas nach unten ziehen.
- Dose öffnen.
- Aus der Wasserflasche trinken.
- Eine Zigarette in der hohlen Hand rauchen.
- Sich zum Pinkeln einige Meter vom Nahversteck entfernen.
- Einen Funkspruch abgeben oder mittels Handy kurz und leise kommunizieren.
- Rucksack ein- und wieder auspacken.
- Unter dem Poncho mit der Stirnlampe die Karte studieren.

Macht dieselbe Übung noch einmal, nur dass die Distanz jetzt verdoppelt wird. Freund B begibt sich also an die Hundert-Meter-Marke. Danach kommt zusammen. Freund B erzählt seinem Kameraden nun, was er tatsächlich gehört, gesehen, gerochen oder sonst wie wahrgenommen, und wie er diese Geräusch- und Sichtkulisse auf beide Distanzen hinweg unterschiedlich wahrgenommen hat. Sinn und Zweck von solchen Übungen ist es, sich ständig zu verbessern, beziehungsweise an einen Punkt zu gelangen, an dem die Diskretion ihr maximales Level erreicht hat.

SCHEIN / AUFBLITZEN

Sonnenstrahlen brechen sich auf Glas, auf einen Spiegel oder auf Metall, es blitzt auf. So hat man früher Nachrichten verschickt. Gefahr erkannt? Umwickle Kompass, obere Teile deiner Messerklinge, Gürtelschnallen und Knöpfe aus Metall mit Stoff- oder Gewebetape. Mache dasselbe mit der Optik deines Fernglases, nur dass du eben einen kleinen Schlitz offenlässt. Vorsicht Brille. Vermeide, dass Sonnenstrahlen sich darauf brechen. Nimm deine Armbanduhr ab, falls du eine hast, und stecke sie in deine Hosentasche (aber bitte so, dass kein neuer Klapperherd entsteht). Wenn du Raucher bist und die Sucht zu dir spricht, dann rauche am Boden liegend in deiner hohlen Hand. Glut ist Schein und Wärme, Wärme und Schein erhöht die Sichtbarkeit! Achtung Drohnen mit WBK! Solche Art Übungen haben wir zu meiner aktiven Zeit nachts oft durchgeführt. Die dadurch gewonnenen Erkenntnisse waren uns eine große Hilfe.

FARBEN (Licht)

Wichtig ist, sich der Natur farblich anzupassen. Schwarz, grün, braun. Vermeide in europäischen Gefilden alle anderen Farben. Es bringt also nichts, wenn du ganz professionell eine Ghillie-Weste trägst, darüber oder darunter aber einen roten Rucksack. Selbst unter der Weste würde man ihn aufblitzen sehen. Rotes Licht (Taschenlampe) erkennt man nachts besser als zum Beispiel grünes oder blaues. Wenn du deine Taschenlampe einschalten musst, zum Kartenlesen etwa, dann benutze einen grünen Filter. Mach das aber auch nur unter einem Poncho oder unter einer Decke. Auf den Poncho oder auf die Decke hast du selbstredend Schnellzugriff. Kommandoeinheiten wissen das. Selbst wenn du die Lampe unter dem Poncho anmachst, lass dir von einem Kameraden, der einige Meter weit entfernt steht, bestätigen, dass kein Lichtstrahl nach außen dringt. Falls doch, hat er die Aufgabe, das zu korrigieren.

Musst du ein Feuer machen (siehe folgendes Kapitel), setze oder lege dich so hin, dass du nach außen beobachtest. Auf keinen Fall solltest du oft ins Feuer schauen. Das Auge muss sich nach dem Blick ins Feuer jedes Mal erst wieder an die Dunkelheit gewöhnen. Die Anpassung von hell zu dunkel dauert unter Umständen dreißig Minuten. Und genau dort lauert der Feind. Im Dunkeln! Er hingegen beobachtet von dunkel zu hell und ist somit eindeutig im Vorteil. Feind zu spät erkannt? Bumm! Ende Gelände!

SPUREN

Die Suche nach Informationen über eine menschliche Präsenz in deiner unmittelbaren Nähe sollte dein ständiges Anliegen sein. Die dichte Vegetation, die spärliche Besiedlung und der Mangel an Orientierungspunkten verleihen jeder Spur und jedem kleinsten Hinweis eine gewisse Bedeutung. Vieles hängt vom Wetter und von der Bodenbeschaffenheit (hart oder weich, steinig, sandig) ab. Und natürlich von der Art der Vegetation (Wüste, Savanne, Wald, Urwald). Achte auf Veränderungen des Bodens vor dir und auf eine sich ohne Grund verändernde Vegetation, z. B. zertrampelter Boden, zerkratzte Steine, abgebrochene Äste, geknicktes Gras, markierte Stämme und Wurzeln, noch deutlich sichtbare Schlammspuren in klarem Wasser. Beobachte die Tiere. Flüchten sie? Warum? Unterbrechen sie ihren natürlichen Ruf? Was steckt dahinter?

Nun nützt es prinzipiell nichts, Spuren zu finden, wenn sie nicht richtig interpretiert werden können. Im Allgemeinen zielt die Interpretation darauf ab, den Ursprung der Spur zu bestimmen, eine Bewegungsrichtung zu erkennen und sie zeitlich zuzuordnen. Du möchtest wissen, wer da gelaufen ist, wie viele es waren und wohin die Spuren führen könnten. Gefundene Spuren werden in der Regel so lange verfolgt, bis man die Bewegung des Gegners versteht. Erst dann gelingt es, folgerichtig zu antizipieren. Oft stellt sich dabei heraus, dass der Gegner ein Täuschungsmanöver durchführt. Das macht er, wenn er sich verfolgt weiß oder sich verfolgt fühlt. Wenn die Abstände der Spuren der Schritte ohne ersichtlichen Grund plötzlich kürzer werden, ist Vorsicht geboten. Auch ein abrupter Richtungswechsel kann ein Indikator dafür sein, dass der Verfolgte Lunte gerochen hat. Trennen sich die Spuren und gehen sternförmig auseinander oder schlagen sie sich seitlich in die Büsche: Stopp! Du bist womöglich drauf und dran, in einen Hinterhalt zu laufen!

Etwas Stützenhilfe für dich zum Auswerten menschlicher Fußabdrücke

Wer hat diese Spur hinterlassen? Ein Mensch, der marschierte oder sehr schnell lief, der vielleicht rannte? Ein Mann? Eine Frau?

- Fußspuren, hinterlassen von Frauen, unterscheiden sich in den meisten Fällen grundlegend von männlichen Fußspuren. So ist der Abstand von Ferse zu Ferse geringer. Die Abdrücke (Schuhgröße) sind kleiner und dringen nicht allzu tief in den Boden. Ausnahme: Die Frau trägt schwere Ausrüstung.

Der Fußabdruck eines schnellen Läufers ist, im Gegensatz zu dem langsamen Marschierer, gekennzeichnet durch die Tiefe (Blick auf die tiefen Fußspitzen), durch das Muster (Fußspitzen und Fersen sind stärker ausgeprägt), durch den Abstand (die Schritte sind länger, aber unregelmäßiger), durch die Projektionen (Wülste am Rand der Spur) und durch die vermehrte Projektion von Erde, Sand oder Schlamm nach hinten. Man kann die Spur eines bestimmten Mannes von mehreren Spuren unterscheiden, indem man auf die Tiefe der Spur, die Form der Sohle, die Ausrichtung des Fußes und die Laufrichtung achtet. Der Fußabdruck ist wie ein persönlicher Fingerprint. Die Marschrichtung einer Kolonne kann anhand von Fußspuren, Furchen im Gras, Lücken im Gebüsch (und Rückwärtsbewegungen) bestimmt werden. ACHTUNG: Immer wenn der Gegner ein Täuschungsmanöver beginnt, bestätigt er höchstens die Marschrichtung.

Um zu ermitteln, wie viele Menschen auf dem Pfad vor dir gelaufen sind, gehe folgendermaßen vor. Ziehe zwei Linien im Abstand von etwa sechzig Zentimetern senkrecht zur Marschrichtung, zähle die Abdrücke der Fersen innerhalb dieser beiden Linien und schon weißt du, mit wie vielen Menschen du es zu tun hast.

Mit was? Leichter oder schwerer Mann? Die Spuren eines schwer beladenen Mannes zeichnen sich durch ihre Tiefe, aber auch durch den Abstand zueinander (je beladener, desto kleiner die Schritte) und durch die Häufigkeit der Zwischenstopps aus. Der Marschrhythmus beträgt in aller Regel etwa fünfundvierzig Minuten marschieren zu fünfzehn Minuten Pause. Wird Pause gemacht, stellen oder legen die Jungs ihre Last ab. An den Spuren kannst du mit etwas Fantasie erkennen, was da getragen wurde. Zum Beispiel Munitionskisten, ein schweres MG oder das Rohr oder das Zweibein eines leichten Mörsers.

Gefangen!

Für Soldaten, aber nicht nur: Die Rede ist von Gefangenen. Im Soldatenjargon würden wir von Kriegsgefangenen reden. Wird ein Zivilist gefangen genommen, ist er eben der Knastbruder, der Festgenommene oder der Gekidnappte. Unterm Strich ändert sich nicht viel. Du steckst bis zu den Hüften in der Kacke. Na ja. Kommt drauf an, von welcher Seite man es betrachtet. Aber noch mal: Ob Zivil oder Militär, die Ausgangslage ist bescheiden. Die Gefangennahme stellt eine Situation dar, die den Betroffenen viel menschliche Ressourcen abverlangt. Drei Wörter bringen es auf den Punkt.

Einsamkeit, Ungewissheit und Versagen

Du bist allein mit deinem Feind und mit dir selbst. Du bist allein mit dem Geheimnis deines Auftrages. Du weißt nichts über deine kurz- und mittelfristige Zukunft, was dich erwartet oder wie lange deine Haft dauern wird. Dir fehlt alles, was der Zusammenhalt einer Gruppe mit sich bringt: Moral. Dynamik. Unterstützung. Die Gefangenschaft bedeutet für dich das Gegenteil deiner bisherigen Vorgehensweise. Gerade noch aktiv im Kampfgeschehen und mitten in der von dir selbst gewählten Aktion, bist du plötzlich nur noch ein passiver Zuschauer. Der Gegner hat dir die Initiative geraubt. Die dich umgebende Einsamkeit und Ungewissheit führen dazu, dass du dich umso schmerzhafter in dich selbst zurückziehst, je mehr du mit Entsetzen dein eigenes Versagen analysierst, ganz gleich, wie groß dein Anteil an der Verantwortung dieses Versagens war. Du wirst Opfer einer kritischen Selbstbeobachtung. Diese wiederum nagt an deinen mentalen und moralischen Kräften. Kurzfassung gefällig? Du fühlst dich innerlich entblößt!

Ein Zivilist hat an dieser Situation massiv zu knabbern. Als Soldat hingegen wirst du vorbereitet auf das, was kommt. Das Training der Soldaten zielt darauf ab, sie auf einen bestimmten Moment der Gefangennahme vorzubereiten, vornehmlich auf die ersten zwei Tage. Es sind diese 48 Stunden, die für den sicherlich unter Schock stehenden Kämpfer als die wohl dramatischte Zeit gilt. In dieser Zeitspanne trennt sich auch die Spreu vom Weizen, die Weichen fürs Überleben oder fürs Untergehen und somit für das persönliche Desaster werden in diesen paar Stunden gestellt.

Und es ist genau diese Zeit, die vom Feind, wie in einem Wettlauf gegen die Zeit, ausgenutzt wird. Es geht darum, Informationen zu bekommen und das Beste aus diesen Informationen zu machen. Das auch mit dem Wissen, dass der Wert aller Informationen mit jeder Stunde, die verrinnt, sinkt. Die Lage ändert sich gar im Minutentakt. Die Beschaffung von Informationen ist für deine Feinde, aber auch für dich von größter Bedeutung, und sei es nur, um den Aktionen des Gegners zuvorzukommen oder um seine Positionen und Bewegungen zu erkennen.

Jeder Soldat weiß um die Genfer Konvention. In der ist auch der Umgang mit Kriegsgefangenen geregelt. Soll ich dir was sagen? Es gibt Gegner, die scheren sich einen Dreck um irgendwelche Konventionen. Sich darauf zu berufen, hat kaum Sinn. Fühl dich rein in das aktuell herrschende Ambiente und agiere auf eine Art und Weise, die dir das Überleben sichert. Was das Zünglein an dieser Waage ist, weißt nur du. Du hast nicht die Handlungsinitiative, außer die, zu flüchten, wenn sich die Gelegenheit ergibt. Begriffen wie Ehre (oder Treue) deinem Verband, deiner Einheit oder deinem Land gegenüber steht die jetzige und die tatsächliche Situation in klarem Widerspruch. Keiner kann an deiner Stelle reden. Niemand darf sich anmaßen, deine jetzt zu treffenden Entscheidungen zu missbilligen oder auch nur anzuzweifeln. Niemand kann dir eine Entscheidung abnehmen. Eine Möglichkeit, an Informationen zu gelangen, besteht also darin, Gefangene zu machen, sie zu durchsuchen und zu befragen. Die Strategie deines Gegners basiert auf drei Sockeln. Dich von Beginn deiner Gefangenschaft an zu isolieren ist einer davon. Er wird alles tun, dich in eine maximale Stress- und Ermüdungssituation zu versetzen. In *Survival für Anfänger* beschreibe ich Szenen vom Kommandolehrgang am CNEC in Mont-Louis. Alle Szenarien der Gefangennahme spielten wir so real wie nur irgend möglich nach. Flucht und Erwischtwerden. Psychische Folter bis zum Rand des Erträglichen. Hunger. Durst. Angst. Die Ausbilder des 1. Choc[16] hatten Methoden, uns zum Reden zu bringen, die dürfen heute gar nicht mehr erwähnt, geschweige denn angewandt werden.

---

16 1er régiment de choc.

Eine dieser Szenen war wie folgt. Die Ausbilder holten uns mitten in der Nacht bei minus zwanzig Grad aus den Betten. Wir sollten sofort antreten. Draußen. Im Freien. Nur mit dem Kampfanzug bekleidet. Als der Letzte von uns da war (die anderen machten derweil Liegestützte, um sich warm zu halten), liefen sie durch unsere Reihen und nahmen uns alles ab. Feuerzeuge, Zigaretten, Messer, Taschenlampen, Handschuhe, Mützen, warme Bekleidung, Gürtel. Sogar die Schnürsenkel unserer Kampfstiefel wechselten den Besitzer. Es war Schikane pur. Dass sie uns Gürtel und Schnürsenkel abnahmen, dafür hatte ich und nicht wenige meiner Legionärskameraden nur drei Erklärungen:

- **Sie wollten unsere Mobilität einschränken (mit halb heruntergelassenen Hosen und offenen Stiefeln rennt es sich nicht besonders schnell).**
- **Sie wollten, dass wir uns scheiße fühlten. Irgendwie minderwertig und gehemmt.**

Sie haben uns die Schnürsenkel auch aus dem Grund abgenommen, weil damit Kabelbinder und *weiche* Handschellen im Nu durchtrennt werden konnten. Ich habe diese Prozedur des Sichbefreiens in meiner Serie *Escape* auf YouTube gezeigt. Seit meinem ersten CNEC-Abenteuer (ich war insgesamt vier Mal am CNEC) trug ich auch privat immer Stiefel oder Schuhe mit Schnürsenkeln. Bei der anzuwendenden Technik besteht die Kunst darin, die vor dem Körper mit Kabelbinder gefesselten Hände freizubekommen. Du musst zuerst die Schnürsenkel von den Stiefeln abmachen, es dann irgendwie managen, dass das eine Ende zwischen deine Handgelenke und den Kabelbinder gezogen wird. Mach dann an beiden Enden der Schnürsenkel eine Schlaufe und stecke jeweils einen Fuß durch. Dann beginnst du mit radelnden sägeartigen Bewegungen. Die Reibung erzeugt Hitze (und Schmerz an den Handgelenken). Wenn du dich richtig anstellst, fliegt dir der Kabelbinder um die Ohren, du bist frei. Das ist eine Sache von zehn bis zwölf Minuten. Ich habe dasselbe auch probiert, als meine Hände mal auf dem Rücken gefesselt waren. Die Prozedur ist dieselbe, nur dauert es eben viel länger. Aus verschiedenen Situationen bei der Legion und in der Sicherheitsbranche konnte ich für mich jedoch festhalten, dass etwa zwei von drei Entführern (oder Soldaten) dem Gegner die Hände vor dem Körper zusammenbinden und nicht etwa auf dem Rücken. Warum das so ist, weiß ich nicht. Vermutlich weil es besser und schneller geht. Es ist also auf jeden Fall sinnvoll, Schnürsenkel dabei zu haben. Oder sechzig bis achtzig Zentimeter Paracord versteckt am Körper mit sich zu tragen. Selbst die erfahrenen Ausbilder in Mont-Louis haben den ein oder anderen Meter Paracord übersehen.

> **Flashback – Erinnerung:** Ich liege mit gefesselten Händen in dieser verdammt kalten und dunklen Kammer, werde ständig mit einer immer aggressiver werdenden Geräuschkulisse konfrontiert, auf die lange Perioden der absoluten Stille folgen. Ein völlig unerwarteter Fußtritt aus dem Dunkeln heraus in die Rippen. Mein Körper krampft, zieht sich in Erwartung des nächsten Schlages schmerzhaft zusammen. Schritte im Dunkeln ganz in meiner Nähe. Eine Tür geht auf, Licht fällt auf mich, die Tür schließt sich wieder. Meine innere Uhr ist gestört. Sich zeitlich zu orientieren ist mir unmöglich. Wechsel Tag/Nacht? Bei mir kommt diese Info nie an!

Der einzelne Kämpfer ist das erste Element in der Informations- und Aufklärungskette, daher sollte er nichts übersehen. Genauso wenig kann er es sich leisten, heiße Informationen auf seiner Ebene nicht zu interpretieren. Jede Information muss *heiß und roh* an die nächsthöhere Ebene weitergegeben werden. Warst du Soldat, dann weißt du sicherlich, was du preisgeben darfst, nämlich:

Name. Dienstgrad. Geburtsdatum und Personenkennziffer. PUNKT!

Hier kurz ein Modus Operandi, wie du eine Gefangennahme eines einzelnen Soldaten vornimmst. Dabei ist es wichtig, nicht allein, sondern mindestens zu zweit zu agieren:

Freund A visiert den zu gefangennehmenden Gegner über Kimme und Korn oder andere Visiereinrichtungen an. Der Soldat wird aufgefordert, Waffe und Ausrüstung abzulegen und zurückzutreten. Freund B agiert seitlich versetzt, damit er nicht in die Visierline gerät. Hierbei wird das Rechter-Winkel-Prinzip respektiert. Er nimmt zuerst die abgelegte Waffe auf und macht eine Sicherheitsüberprüfung. Danach untersucht er die Ausrüstung und schließlich den Gefangenen selbst. Dazu muss dieser in eine für ihn unkomfortable Position gebracht werden. Am besten hierfür ist, wenn er am Boden liegend abgetastet und durchsucht wird.

VARIANTE EINS: Die zu durchsuchende Person liegt in der Liegestützstellung am Boden, das heißt, sie befindet sich im Ungleichgewicht. Die Beine sind gespreizt. Mit einem Fuß zwischen den Beinen des am Boden Liegenden verrichtet Freund B in leicht gebückter Stellung seinen Job.

VARIANTE ZWEI besteht darin, den Gefangenen mit weit gespreizten ausgestreckten Armen an eine Wand zu stellen. Die weitgespreizten Beine berühren, rechter Spann auf linker Ferse, den Boden einen Meter von der Wand entfernt. Freund B hakt nun einen Fuß unter den Spann des Gegners und beginnt mit dem Abtasten. Wird aufgemuckt, genügt es, das Standbein des Gefangenen mit einem Ruck wegzuziehen, und schon liegt er am Boden. Freund B sollte sorgsam darauf achten, dass er nie in die mögliche Schusslinie gerät.

Das alles erfordert eine enge gegenseitige Absprache während der ganzen Aktion. Zu meiner Zeit bei der Legion arbeiteten wir nur im kleinen Team, *Binôme* genannt. Ein Binôme, das waren immer zwei Mann. Mein Binôme und ich verstanden uns blind. Im Einsatz war der eine die Lebensversicherung des anderen.

Gibt es mehrere Gefangene, werden sie zunächst getrennt. Nach Geschlecht und nach Dienstgrad. Reden verboten. Dem Gefangenen wird alles abgenommen; außer es handelt sich um strikt persönliche Papiere. Der Gürtel kommt weg, Schnürsenkel auch. Handschuhe, Mütze, Mantel darf er (wie auch die ABC-Schutzmaske) behalten. Es werden Listen erstellt: Wem gehört was, um was handelt es sich genau und so weiter und so fort. Die Listen werden dem nächsten zuständigen Offizier übergeben. Ist der Gegner, nun Gefangener, verwundet, wird er verarztet. Hat er Hunger, kriegt er zu essen. Muss er beschützt werden, kriegt er Schutz. Und er kriegt Respekt. Keinen Hass. Er ist ein Waffenbruder, kämpft halt nur auf der falschen Seite. Es ist gut möglich, dass du erst gestern einen Kameraden im Kampf verloren hast. Vielleicht warst du sogar Zeuge seines Tods. Das macht dich traurig und wütend. Doch das Schlimmste, was du machen kannst, ist, dich jetzt bei dem Gefangenen dafür rächen zu wollen. Wenn dir deine Gefühle einen Streich spielen, bekenn sofort Farbe und sag das deinem Vorgesetzten. Du wirst abgelöst. Zumindest sollte es so sein.

Denk dran: Gefangennahme = Schock und Angst. Beide Zustände können den Gefangenen zu Verzweiflungstaten verleiten. Auch deshalb sollte er unter ständiger und strenger Beobachtung stehen. Viel Härte mit etwas Herz ist angesagt. Dein strenges, entschlossenes Auftreten allein schon sollte ihn davon abhalten, feindselige Akte gegen dich oder deine Kameraden oder gegen sich selbst einzuleiten. Das, was du hier liest, solltest du immer von beiden Seiten aus betrachten. Von der des Gefangenen und von der des Häschers. Nimm es an als Soldat. Schau drüber als Zivilist. Du weißt heute nicht, welche der beiden Camps (Gefangener oder Aufseher) du morgen vertrittst. Aus Erfahrung kann ich dir auch sagen, dass du null Kontrolle oder Einfluss darüber hast. Es kommt immer anders, als du denkst. Denk nach!

Der Gegner arbeitet mit ähnlichen Prinzipien wie du. Gerätst du in Gefangenschaft, wird er versuchen, alle Informationen zu bekommen, von denen er denkt, du hättest sie. Folgendes wird ihn brennend interessieren:

- Welcher Einheit du angehörst, welchen Auftrag sie hat, wo sich das Hauptquartier befindet.
- Operieren andere verbündete Einheiten in der Nähe?
- Verschiedene Codes und Rufnamen (Funkbereich).
- Eventuelle Losungswörter, um von der eigenen Truppe aufgenommen zu werden.

Möglicherweise wendet er körperliche Gewalt und Folter an, um Fragen auf seine Antworten zu bekommen. Sicherlich aber wird er versuchen, dich psychisch fertigzumachen. Keine oder wenig Nahrung. Kein oder wenig Schlaf. Und dann diese ganzen anderen bereits erwähnten Spielchen. Er könnte seine Pistole auf dich richten und abdrücken.

Du weißt nicht, dass die Waffe nicht geladen ist. Oder er sagt, dass seine Kameraden deiner Familie einen Besuch abstatten, solltest du nicht reden. Du weißt nicht, ob er lügt oder blufft. Du weißt gar nichts. Die Sache ist einfach. Wenn du gesprochen hast, braucht er dich nicht mehr. Denk nach!

Deine oberste Pflicht, solltest du gefangen genommen werden? Es gibt zwei:

1. Am Leben bleiben, also überleben um (fast) jeden Preis.
2. Flüchten und zur Truppe zurückkehren.

Zu Punkt eins. Dein Überleben solltest du mit allen passiven und aktiven Mitteln und Möglichkeiten anstreben. Mach dafür gern den Diener, mach den Hofknicks, kooperiere, nick ab und wink durch. Sobald aber diese Kooperation mit dem Gegner Potenzial hat, das Leben anderer Menschen in Gefahr zu bringen, stell auf stur. Du hast nicht das Recht, lieber Gott zu spielen. Beende die Kooperation und akzeptiere dein Los so, wie es dann eben kommt, wobei du stets darauf achten solltest, deine Würde um keinen Preis zu verlieren. Wo diese beginnt oder endet, definierst nur du selbst.

Zu Punkt zwei. Wenn du eine Flucht in Erwägung ziehst, warte nicht, bis die Gefangenschaft dich körperlich und mental in ein menschliches Wrack verwandelt hat. Für eine erfolgreiche Flucht benötigst du deine ganze Energie. Diese verringert sich jedoch mit jedem einzelnen Tag in der Gefangenschaft, deine Häscher werden dafür sorgen. Also mach den Fisch, so schnell du kannst. Nutze die erstbeste Gelegenheit zur Flucht. Manchmal testet dich dein Gegner. Er bietet dir diese Gelegenheiten (zur Flucht) ostentativ an, um zu sehen, ob du sie beim Schopfe greifst. Fall nicht drauf rein! Nicht er soll das Tor zu deiner Flucht öffnen, sondern du bist es, der es aufstößt.

> **Noch mal:** Wenn sich die Möglichkeit zur Flucht allzu leicht vor deinen Augen präsentiert, ist es möglicherweise eine Falle. *Auf der Flucht erschossen* möchte man in deiner Truppe und in deinem persönlichen Umfeld (Familie) nicht hören oder lesen wollen.

Moralische Stärke wird einem nicht in die Wiege gelegt, man kann sie erlernen. Bleib wachsam. Übe dich in Demut. Bleib bescheiden. Bereite dich ständig auf das Schlimmste vor. Wenn das Training leichtfällt, ist es nicht gut genug. Erst wenn du kotzt, spricht die Wahrheit zu dir. Bei der Legion sagen wir: *Ist das Training mühsam und brutal, fällt der scharfe Einsatz leichter!* Das stimmte zwar nicht immer, aber es erleichterte tatsächlich vieles.

Nun weiter zu deinem Weg auf der Flucht und damit zu einigen wichtigen Punkten

Hoffe nicht darauf, dass die Verfolger deine Spur nicht aufnehmen. Das tun sie sicher. Es ist nur eine Frage der Zeit. Baue lieber darauf, dass du ihnen etwas entgegenzustellen hast. Idealerweise die perfekte Flucht. Hier einige Tipps, die ich mir sehr oft geholfen haben und die auch für dich sehr hilfreich sein können.

1. Wenn du auf Pfaden läufst, stößt du unweigerlich auf Spinnenweben. Diese befinden sich nicht selten auf Kopf, Bauch- und Brusthöhe. Wenn du sie siehst, lauf nicht durch, sondern weiche ihnen so gut es geht aus. Wenn du einfach durchläufst, gehen sie kaputt und hängen lose herunter. Gute Spurenleser erkennen sofort, dass hier ein Mensch gelaufen ist. Tiere hinterlassen solche zerstörten, nun herunterhängenden Spinnweben nur selten. ACHTUNG: Eine Spinne ist ein sehr waches, aufmerksames und vor allem ein sehr fleißiges Tier. Sie benötigt nur etwa eine Stunde, um das zerstörte Netz wieder hinzukriegen. Kommst du also an einer Spinnwebe vorbei, die zerfetzt herunterhängt, so ist das ein zuverlässiger Indikator dafür, dass innerhalb der letzten fünfzig Minuten jemand genau hier durchgelaufen ist. Zeit für dich, eine andere Piste zu finden. Weiche aus.
2. Brich keine Zweige oder Äste ab. Die Bruchstelle schimmert noch stundenlang danach hell in der Dunkelheit. Ein Spurenkundiger weiß sofort, dass hier ein Mensch in Aktion war. Musst du einen Ast abbrechen, dann schmiere Erde über die Bruchstelle, aber denk dran: Erde kann vom Regen leicht wieder abgewaschen werden.

3. Solltest du kurzfristig vor Ort bleiben, tarne dein Versteck, jedoch: Höchste Aufmerksamkeit und größte Vorsicht sind nun geboten. Verlasse Pfade und Wege und schlag dich abseits in die Büsche. Suche ein Versteck an einem leicht erhöhten Ort. Idealerweise liegt dieser inmitten von trockenem Gestrüpp. Um zu dir zu gelangen, werden deine Verfolger starke Geräusche verursachen. Das wird dich alarmieren. Das heißt auch, dass du, wenn du zum Beispiel ein Tarp oder eine Zeltplane spannst, dies mit schnell lösbaren Knoten versiehst. Ein Zug und die einzelnen Knoten müssen sich öffnen. Tarne das Versteck nicht mit abgerissenem Gras, abgerissenen oder abgeschnittenen Ästen und Zweigen. Diese werden schnell braun, sie welken. Welkes Laub fällt auf, wird schon von Weitem gesehen. Bevor du dich schlafen legst (du schläfst nicht, sondern ruhst auf einem Auge), markiere nur für dich sichtbar die ersten fünfzig Meter deines voraussichtlichen Fluchtweges. Laufe diese Strecke zwei- bis dreimal im Dunkeln ab, sodass du sie blind kennst. Lass auch nichts rumliegen, sondern packe alles in den Rucksack, bevor du dich schlafen legst.
4. Wenn du auf dem kürzlich verlassenen Pfad sichtbare Fußspuren hinterlassen hast (Matsch, Schnee), versuche sie vor den Blicken Dritter zu verbergen. Nichts darf darauf hinweisen, dass du genau hier ausgeschert bist. Oder du führst deine Verfolger in die Irre, indem du noch drei bis vier hundert Meter weiter in die gleiche Richtung läufst. An einer Stelle, an der deine Spuren am Boden nicht mehr gut erkennbar sind (steiniger, fester Untergrund), spring ins Gebüsch und kehre abseits des Wegs wieder zu der Stelle zurück, an der du dein Versteck beziehen willst. Deine Verfolger werden höchstwahrscheinlich versuchen, die Spuren weiter vorn auf dem Pfad zu suchen, aber niemals Hunderte von Metern nach hinten laufen. Der Vorteil hier ist, dass du sie von deinem Versteck aus hören oder gar beobachten kannst. Du hättest gegebenenfalls die Bestätigung dafür, dass sie auf deiner Fährte sind, kannst also aus deinem Versteck heraus beurteilen, wie stark sie sind und mit wem du es eigentlich zu tun hast. Nachdem du dich ausgeruht hast, läufst du zunächst einfach

in eine andere Richtung davon und schlägst einen Bogen, um irgendwann wieder die Initialrichtung anzusteuern. Wenn du aber weißt oder vermutest, dass Verfolger in deinen Spuren laufen, dich aktiv suchen, dann mach nicht den Fehler, den Weg weiterhin zu benutzen.

5. Das unter Punkt drei angeführte Verhaltensmuster erübrigt sich, wenn der Gegner Suchhunde einsetzt. Dann gilt es schnell voranzukommen, Strecke zu machen, den Gegner zu distanzieren. Ein nächtlicher Gewaltmarsch von dreißig bis vierzig Kilometern wäre sinnvoll. Das klingt nach sehr viel, und ich kann dir verraten, das ist es auch. Du wirst ungewohnte Strapazen auf dich nehmen und deine ganze Leidensfähigkeit unter Beweis stellen müssen. Aber wenn das Gelände mitspielt und du deinen inneren Schweinehund überlisten kannst, liegt so ein Gewaltmarsch durchaus im Bereich des Möglichen. Auch für dich.
6. Läuft parallel zu der von dir eingeschlagenen Richtung ein Bach oder ein kleiner Fluss, dann scheu dich nicht, ein paar Kilometer darin zu laufen. Natürlich musst du das wetterabhängig machen. Herrschen Minusgrade, verzichte drauf. Bei der ganzen Sache darfst du eines nie vergessen: Es geht vielleicht ums Überleben! Allein diese Überlegung sollte Anreiz genug sein, die Zähne zusammenzubeißen und das Unmögliche zu bewerkstelligen. In diesem Zusammenhang wiederhole ich mich gerne.
7. Überleben ist zu ...
   - 5 Prozent Glück.
   - 10 Prozent Wissen.
   - 85 Prozent Willensstärke und Entschlossenheit!

Willensstärke = VERLASSE DIE KOMFORTZONE JETZT!

Anmerkung: Im September 2023 war ich zum letzten Mal in Französisch-Guyana. Vierzig Jahre nach meiner Ausbildung im 3. REI spürte ich also wieder die Selva, den Urwald. Ich packte die Gelegenheit am Schopf, mich mit meinem alten Freund und Lehrmeister Antonio Lopez zu treffen. Bereitwillig stellte er sich zu einem Interview.

Während unseres Gespräches bestätigte er mir einmal mehr, dass es beim Überleben kaum um Skills, Erfahrungen oder um gutes Equipment, sondern in erster Linie um den stark ausgeprägten Willen geht!

So ein brutal geführter Gewaltmarsch, und das ist eben der Vorteil, bringt dich sehr schnell aus der Zone (Radius), in der alle dich vermuten. Wenn du vor Ort bleibst oder wenn du nur zögerlich vom Fleck kommst, machen deine Verfolger den Sack zu. Der Kreis schließt sich, du sitzt in der Falle. Dann kommen sie mit ihren kleinen Gadgets an: Hubschrauber mit Wärmebildkameras. Drohnen und Suchhunde. Sie überwachen Brücken, Wege (auch Wasserwege), eventuelle Tunnels, Lichtungen und andere freien Flächen. Ist der Suchradius klein, sagen wir drei Kilometer, und du bist da drin, sind deine Chancen zu entkommen gering.

Du erinnerst dich an die Affäre *Schwarzwaldrambo* vom Jahr 2021? Yves R. hat gewaltlos vier Polizisten entwaffnet (autsch), ist dann in den nahen Wald in der Nähe von Göppingen geflüchtet und hat dort eine Hundertschaft von Suchtruppen – es waren 2000 an der Zahl – eine Woche lang an der Nase herumgeführt. Ich hatte das Abenteuer von Yves R. meiner Community per Video nahegebracht. Auch damals schon sagte ich, dass nur ein Gewaltmarsch Yves aus der Such-Zone und somit aus der Patsche helfen kann. Er hat sich anders entschieden und wurde geschnappt. Na ja, stimmt nicht ganz, er hat sich mehr oder weniger gestellt. Zurückhalten darf ich, dass die Polizei meist nur in der Umgebung des Ortes gesucht hat, von wo aus er geflüchtet ist.

Heute, zu dem Zeitpunkt, an dem ich diese Zeilen schreibe, erschüttert ein Mordfall ganz Deutschland. A. Meisner ist auf der Flucht. Ihm wird vorgeworfen, einen Dreifachmord begangen zu haben. Wir sind hier in der Spekulation. Auch in diesem Fall bat man mich um eine Intervention. Und auch hier äußerte ich mich klipp und klar: Nur per Gewaltmarsch kann sich der vermutliche Täter momentan seiner Verfolgerschaft entziehen. Aber sei es. Egal wie der Fall auch gelagert ist, vor Ort zu bleiben, einen auf Rambo zu machen und dabei zu hoffen, dass alles gut geht, und dass man nicht gefunden wird, ist eine Illusion. Also noch einmal – solltest du dich auf der Flucht befinden, gilt, wenn bestimmte Faktoren zusammenkommen: *Marche ou crève*. Marschier oder krepier. Und dann: Marschiere schnell.

Schon Sun Tzu schrieb: *Lass deine Schnelligkeit wie die des Windes sein! Und zur Wegwahl – Betrachtungen von Vor- und Nachteil müssen zusammenfließen! Marschiere rasch zu Orten, an denen du nicht erwartet wirst!*

Ein kleiner Tipp, solltest du (Zivilist) tatsächlich im Knast enden. Sei vorsichtig beim Umgang mit deinen Leidensgenossen. Erzähl nichts von dir. Warum du hier bist, hat sich längst rumgesprochen, und mehr sollen sie auch nicht wissen. Die Zugeständnisse, die du der Polizei zu geben verweigert hast, prahlerisch und detailfreudig gegenüber einem anderen Insassen zu äußern, könnte sich als grober Fehler erweisen. Diese Person kann zu einem späteren Zeitpunkt als Zeuge gegen dich aussagen. Verbreite keine Gerüchte. Kümmere dich nicht darum, was die anderen machen. Versuch immer neutral zu bleiben. Passiert irgendetwas, was dich nicht direkt involviert und was du mit deinen Moralvorstellungen noch vereinbaren kannst, schau es dir nicht an. Halte es cool und locker mit den Worten von Michael Sweeney, der da einst schrieb: *Höre nichts Böses, sehe nichts Böses, sage nichts Böses. Unabhängig davon, was Sie wissen, sprechen Sie nicht darüber – vor allem, wenn Sie eine öffentliche Person, ein Nachrichtensprecher* (oder ein Knastbruder – von mir hinzugefügt) *sind. Wenn nicht darüber berichtet wird, ist es nicht passiert und Sie müssen sich nie mit den Problemen auseinandersetzen!*

Dem ist nichts hinzuzufügen.

Noch ein Wort zu eventuellen Verfolgern. Sie werden einen sehr guten Grund haben, sich an deine Fersen zu heften. Dein Grund, zu fliehen, dürfte nicht weniger dramatisch sein. Sollten sie dich erwischen, werden sie dich, je nach Schwere des Anlasses, unterschiedlich behandeln. Das könnte unter Umständen damit enden, dass du die Begegnung nicht überlebst. Mit diesem Wissen im Gepäck wirst du dich maßlos verteidigen. Wenn es tatsächlich ums Überleben geht und Fliehen nicht mehr möglich ist, spiel nicht Dornröschen, sondern greife deine potenziellen Verfolger an. Mutiere vom gehetzten, in die Enge getriebenen Schwan zum angreifenden Endzeitfreak. Kein Zögern. Erwarte kein Pardon. Gewähre kein Pardon!

Es gibt Menschen, die können keinem anderen Menschen auch nur ein Haar krümmen. Du gehörst auch dazu? Schön! Ich werde gegebenenfalls die Blumen auf deinem Grab gießen. So endet das generell, wenn du dich im Angesicht des Todes wie ein zartbesaitetes Pflänzchen verhältst. Frauen zum Beispiel sind nicht zum Kämpfen geboren – Ausnahmen bestätigen diese Regeln. Sie haben halt ein *Ich-möchte-niemandem-wehtun*-Mindset. Aber weißt du was? Wenn eine Mutter Zeuge davon wird, wie ihre Kinder bedroht oder misshandelt werden, wird aus *Butschimama* eine Löwin. Und wie sie dann auf einmal kämpfen kann. Und auch kämpfen wird! Jetzt musst du dir die Frage gefallen lassen, warum es dir möglicherweise immer dann leichter fällt, Gewalt anzuwenden, wenn das Leben anderer in Gefahr ist, du aber taten- und willenlos bleibst, wenn es ja *nur* um dich geht. Ich denke, das ist fehlende Wertschätzung dir selbst gegenüber. Ändere das. Du musst jetzt deine Einstellung überdenken. Kleine Stützenhilfe gefällig?

> *Sei schnell in deiner Entscheidung, und im Angriff schrecklich wie ein Sturm. Überrasche mit Entschlossenheit und brutaler Absicht. Die Qualität der Entscheidung gleicht dem wohlberechnenden Herabstoßen eines Falken, der zuschlägt und sein Opfer tötet (Sun Tzu).*

Du stirbst sicher, wenn du in bestimmten Situationen nicht zum Tier wirst. Die beste Taktik, einen Angriff vorzutragen? Ich werde es dir sagen. Wiege deinen Kontrahenten in Sicherheit, indem du scheinbar voll auf ihn eingehst. Spiele den Unterwürfigen. Auf deiner Stirn müssen die Worte *Ich bin ein willenloses Opfer* deutlich sichtbar zu lesen sein. In den meisten Fällen passiert Folgendes. Dein Aggressor wird auf die Bremse treten und in seinen Absichten oder Forderungen und in seiner Aggressivität den Fuß vom Gaspedal nehmen. Es wird logischerweise eine Art Öffnung geben. Das Zeitfenster variiert hier von zwei bis etwa zehn Sekunden nach Beginn der Bedrohung. Sobald du aber diese Öffnung, diese Lücke, dieses Nachlassen der Aggressivität spürst, ist deine Zeit gekommen. Dann ist sofortiges Handeln angesagt. Führe deinen alles entscheidenden Überraschungsangriff mit voller Härte. Denke nur an die zu allem entschlossene Flucht nach vorn, sie ist Sinnbild der totalen und irreversiblen Niederlage deines Kontrahenten. Kein Plan B. Keine Ausrede. Kein Zögern. Es geht ums Überleben, Kamerad!

Wenn du auf der Flucht bist, hinterlasse kein berechenbares Schema. Wende direkte, aber auch indirekte Überlegungen und Manöver an. Übertragen ins Gelände bedeutet das, dass du etwaige Verfolger schnurstracks in dein direktes, geradliniges Manöver hineinziehst. Du lässt sie somit in der Sicherheit, auf der richtigen Spur zu sein, um sie dann durch das bewusst herbeigeführte, unkalkulierbare Manöver in die totale Unsicherheit zu bringen. Das tust du, indem du deine Taktik alle paar Stunden änderst. Du änderst Zeiten, Richtung und Denkschemen. Gerade für jedermann noch berechenbar, verhältst du dich von jetzt auf dann völlig irrational.

Wenn du einen Fluss oder einen großen Bach überquerst oder durchwatest (meide tunlichst Furten und Brücken), entferne dich rasch wieder von ihnen. Musst du in dieselbe Richtung marschieren, wie sie fließen, dann laufe nach der Überquerung zunächst ein Stück landeinwärts und folge dann dem Gewässer auf Sichtweite. Wenn es die Situation hergibt, ziehe deine Stiefel aus, bevor du in den Fluss steigst. Mit trockenen Schuhen läuft es sich besser.

Das Naturgesetz besagt, dass dein Geist morgens am schärfsten ist. Gegen Mittag lassen Aufnahmebereitschaft und Schärfe deines Geistes nach und abends fährt alles runter. Indem du dir angewöhnst, nur nachts unterwegs zu sein und dich tagsüber zu verstecken, um zu schlafen, wird es dir mit der Zeit gelingen, das Naturgesetz auszuhebeln. Du wirst wie ein Raubtier sein, das nachts auf Beutezug geht. Dieser Prozess dauert etwas, hab also Geduld und bleib dran.

Etwas weiter oben im Text sprach ich von taktischen Zeichen zur gegenseitigen Verständigung. Möglicherweise seid ihr in der Gruppe unterwegs. Vorneweg läuft der Späher. Nennen wir ihn so. Der Mann hinten bildet die Nachhut. Der Abstand von Mann zu Mann sollte im offenen Gelände mindestens acht Schritt betragen. Warum acht Schritt?

Denk doch bitte taktisch!

Fällt euch eine vom Feind geworfene Splitterhandgranate direkt vor die Füße, kommt ein Mann zu Schaden, die anderen werden verschont. Dafür sorgt die Distanz zum Vorder- beziehungsweise Hintermann. Dasselbe gilt für Sprengfallen aller Art oder Traps, wie sie früher Vietminh und Vietkong (Charlie) verwendet haben. In der Bewegung durch Feindesland wird kaum gesprochen. Vielmehr kommen vermehrt taktische Zeichen zum Einsatz.

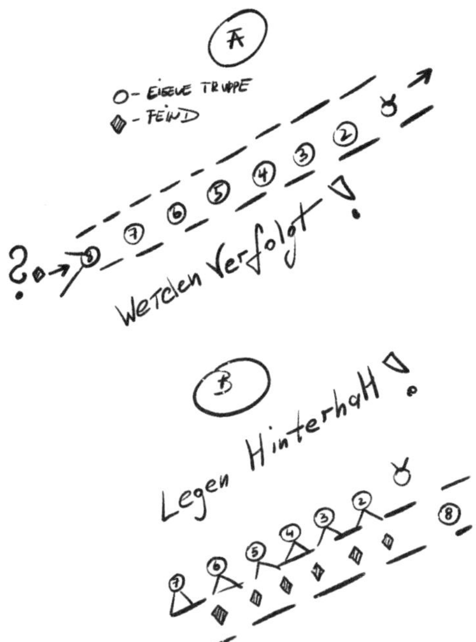

Sollte der letzte Mann auf Verfolger aufmerksam werden, gibt er durch einen leisen Pfeifton Alarm. Die nach oben geballte Faust mit Richtungsangabe bedeutet *Feind*. Diese Nachricht wird so unaufgeregt wie möglich nach vorn durchgegeben. Gleichzeitig verschwinden die Kommandos einer nach dem anderen links oder rechts (wie abgesprochen) in die Büsche und lauern dort dem Feind via Hinterhalt auf.

AUSNAHME AUF INTERVENTION DES GRUPPENFÜHRERS: Wenn davon auszugehen ist, dass es sich bei dem feindlichen Element zunächst nur um ein kleines Vorauskommando handelt, verzichtet man auf Kontakt und löst sich sofort auf individueller Basis vom Feind. Wie dem auch sei, treffen sich die Männer am vorher abgesprochenen Geländepunkt wieder. Dieses Vorgehen impliziert, dass der Kommandoführer, an wichtigen Geländepunkten angekommen, diese als jeweiligen Sammelpunkt bekannt gibt:

Hier, letzter Sammelpunkt!

Informationen werden per Handzeichen von vorn nach hinten weitergegeben, und von hinten kommt dann: *Meldung durch!* Das heißt, alle wissen Bescheid. Nachts und bei schlechter Sicht werden solche Informationen von Mund zu Ohr übermittelt. Dafür braucht es Geschick und Geduld. Beim Sammelpunkt angekommen, suchen die einzelnen Elemente zunächst den Kommandoführer auf und drücken ihm (zum Beispiel) einen kleinen Stein in die Hand. Der Boss muss dann nur noch zählen, um zu wissen, dass entweder alle da sind oder ob einer fehlt. Fehlt jemand, lässt man eine vorher verabredete Zeitspanne (nie länger als eine Stunde) verstreichen und weiter geht's! Pech für den, der es nicht geschafft hat. Für ihn beginnt jetzt der reale Einzelkampf.

Tipp zwischendurch

Wir Menschen sind gesellige Kreaturen. Uns zieht es magisch hin zu Dörfern, Höfen und alleinstehenden Häusern. Dahinter steckt die Hoffnung, etwas zu essen und zu trinken zu finden. Aber nicht nur das. Unser Unterbewusstsein suggeriert: *Such die Gesellschaft! Such Wärme, den Austausch!*

Vorsicht ist geboten. Erstens könnten deine Verfolger schon vor dir hier gewesen sein. Die Dorfbewohner oder der Hauseigentümer oder der Bauer wissen also längst über dich Bescheid. Natürlich hat man ihnen, was dich betrifft, das düsterste Szenario an die Wand gemalt. Das geht vom Kindermörder bis hin zum gefährlichen, schwer bewaffneten Bankräuber auf der Flucht. Auf jeden Fall steht auf deinen Kopf eine Belohnung. Vielleicht nicht gerade mit Steckbrief, tot oder lebendig, aber wir sind nicht weit weg entfernt davon. Vorsicht ist auch deshalb schon geboten, weil die Hunde auf dem Hof deine Präsenz durch ihr lautes Gebell ankündigen. Deswegen sind sie da. Wenn du also ein Huhn klauen willst, damit du deinen Bauch füllen kannst, rechne mit Hunden.

Im Resümee:

Meide Ortschaften wie die Pest. Nein, meide Menschen wie die Pest! Ausnahme ist der Guide, der dich durch unwirtliches, dir völlig unbekanntes Gelände sicher von A nach B bringen kann.

GERUCH

Menschliche Kacke riecht in den meisten Fällen widerlich. Aber eben auch sehr *charakteristisch*. Wenn du also während deiner Flucht an einen Ort kommst, an dem es widerlich müffelt, dann sollten deine Alarmglocken sofort klingeln. Jetzt ist besondere Vorsicht geboten, da der Geruch natürlich die menschliche Präsenz manifestiert. Andersrum heißt das, dass, wenn du selbst dein Geschäft verrichten musst, ein Loch gräbst. Dieses Loch solltest du nach Verrichten deines Geschäftes wieder mit dem Erdaushub füllen und das Ganze akkurat tarnen. Entferne dich dafür mindestens fünfzig Meter von dem von dir benutzten Pfad. Je weiter, desto besser. Hunde kannst du auf diese Art und Weise nicht täuschen, aber Hunde hin, Drohnen her: beide sind Mangelware. Oder zumindest stellen sie einen gewissen Luxus dar. Bleibe oft stehen und schau dich um. Halte deine Nase in den Wind und rieche. Liegt Rauch in der Luft? Wenn ja, ist zu fast hundert Prozent der Mensch nicht weit weg.

Hinweise auf Gefahren

Findest du tote Tiere am Wegrand? Tiere, an denen du keinerlei sichtbare Verletzungen feststellen kannst? Kommt noch ein eigenartiger Geruch hinzu? Vorsicht ist geboten! Möglicherweise wurden in der Region biologische oder chemische Kampfmittel eingesetzt. Hört sich spannend an, nicht? Egal. Kampfmittel ist gleichzusetzen mit versifftem Wasser. Ich möchte dich darauf hingewiesen haben. Am besten ist, du verschwindest sofort aus der Region. Trink nichts und iss nichts. Und fasse dir um Gottes Willen nicht mit den Händen ins Gesicht oder direkt an die Genitalien. Verschwinde aus der Region, suche sauberes Wasser und wasche dich gründlich von Kopf bis Fuß, am besten mit Seife.

SUCHHUNDE

Bevor ich mein bereits erwähntes Abenteuer mit Ghost hatte, sagten mir alle, dass es unmöglich ist, einem Suchhund zu entkommen. Dass das Nonsens ist, habe ich bewiesen. Jeder noch so gute Suchhund kann in die Irre geführt werden. Natürlich benötigst du dafür deinen ganzen Ideenreichtum, Nerven aus Stahl und einen Körper, der die Strapazen aushält. Und etwas Glück. Denn um dem Hund zu entkommen, braucht es höchsten körperlichen und geistigen Einsatz.

Ein richtiger Mantrailer wie Ghost wird fast immer nur auf eine ganz bestimmte Person angesetzt. Er erhält also einen klar definierten Suchauftrag. Der Geruch der aufzuspürenden Person wird ihm anhand eines persönlichen Gegenstandes derselben vermittelt. Das können ein getragenes Kleidungstück, ein Portemonnaie oder ein Taschentuch sein.

Die Suche beginnt in der Regel an der Stelle, an der die Person zum letzten Mal gesehen wurde, oder an der Stelle, an der diese Person die Flucht begonnen hat. Entgegen aller Klischees ist es dennoch so, dass Suchhunde nicht ständig nur die Schnauze am Boden haben und deine Fährte dort schnuppern. Vielmehr laufen sie erhobenen Kopfes umher, entnehmen deinen Geruch aus der Luft. Wenn du das weißt, hilft dir das schon enorm weiter. Warum, dürfte allen klar sein.

Schon mal Elefanten- oder Büffeljäger bei der Pirsch gesehen? Sie schleichen sich gegen den Wind an, haben also den Wind im Gesicht. Umkehrschluss: Versuche, wann immer möglich, mit dem Wind zu laufen, das heißt, du hast während deiner Flucht den Wind im Rücken. Das machst du nur, wenn du weißt, dass Hunde auf deiner Spur sind.

Idealerweise stößt du während deiner Flucht auf einen Bach oder auf einen Fluss. Mach Folgendes. Durchquere den Bach oder Fluss, laufe am andren Ufer, Wind im Rücken, etwa hundert Meter den Fluss entlang. (Flussab- oder aufwärts spielt hier keine Rolle, Hauptsache, du hast den Wind mehr oder weniger im Rücken.) Überquere den Fluss erneut. Wiederhole das Spiel vier oder fünf Mal und lauf dann in eine Richtung weiter, die dich im Neunzig-Grad-Winkel zum Fluss wieder ins Landesinnere führt. Achte darauf, dass dein Weg ins Landesinnere auf der Seite des Flusses beginnt, an der du ihn zum ersten Mal überquert hast.

Zeichung Hund Fluss

- Wenn du Zugriff auf totes Wild hast, Reh, Hase oder Fuchs, zerteile das Tier in mehrere Stücke. Wirf während des Laufens das frische oder verweste Fleisch links und rechts vom Fluchtweg weit hinein in die Büsche. Ein guter Hund hält die Spur, ein weniger guter Hund lässt sich dadurch ablenken. Bete, dass du es an diesem Tag mit keinem guten Hund zu tun hast.
- Ansonsten mach Strecke. Und das so schnell dich deine Füße tragen. Nur die wenigsten Hundeführer lassen den Hund von der Leine. Der Clou bei dieser Sache ist, dass der Hund dann nur so schnell vorankommt, wie sein Meister körperlich mithalten kann (siehe Ghost, ich ahnte, dass der Hundeführer ihn nicht von der Leine nehmen würde, und wusste, dass der Hundeführer nicht so schnell unterwegs sein konnte wie ich alter, aber immer noch topfitter Legionär). So hast du alle Chancen auf deiner Seite, das Gespann abzuhängen. Und merke dir. Auch ein Suchhund ist nur ein Hund. Das heißt, er kann der Suche nur eine gewisse Zeit lang seine volle Aufmerksamkeit widmen. Danach muss er sich ausruhen. Diese Aufmerksamkeitsspanne variiert von Tier zu Tier. Generell aber kann man sagen, dass nach einer Stunde intensiven Einsatzes (was für die meisten Hunde schon viel zu viel ist) erst mal Pause angesagt ist. Das Tier muss sich ausruhen, während du die Wahl hast, dir diese Pause zu eigen zu machen und derweil stoisch wie eine gut geölte Maschine weiter flüchten kannst.

- Kombiniert mit bereits genannten Techniken, kann es von Vorteil sein, wenn du in deinen eigenen, von dir hinterlassenen Spuren zurückläufst, nur um dich dann an einer wohldefinierten Stelle seitlich in die Büsche zu schlagen. Der Hund hätte die Qual der Wahl. Entweder entscheidet er sich, der ersten Spur (geradeaus) zu folgen, oder er nimmt die, die seitlich in die Büsche führt. Ich gehe davon aus, dass er sich für die frischere Spur entscheidet, was mich dazu veranlassen würde, den Spurwechsel schnell durchzuführen. Spinnst du das Garn weiter, kannst du genau diese Technik auf derselben Strecke drei- oder viermal hintereinander anwenden.
- Stößt du auf einen Fluss, durchquere und verlasse ihn auf der gegenüberliegenden Seite. Laufe etwa 300 Meter landeinwärts, kehre auf deinen eignen Spuren zum Fluss zurück. In der Flussmitte angekommen, mache einen Neunzig-Grad-Winkel und laufe (oder schwimme, je nach Wassertiefe) stromauf- oder stromabwärts.
- Wenn du sicher bist, dass der Suchhund auf deiner Spur ist, versuche die nächste Ortschaft anzulaufen. Er hört sich außerirdisch an, aber nimm dort einen Zug oder den nächsten Bus und verschwinde in den Katakomben der Großstadt. Lass Urban Survival beginnen!

Da ist grad wieder so ein Stichwort gefallen: SCHWIMMEN!

In der Fremdenlegion verlangte man von uns, an Händen und Beinen gefesselt, mindestens fünfundzwanzig Meter schwimmend zurückzulegen. Zu Beginn ist das mit ziemlich viel Panik verbunden. Du springst ins Wasser und es gibt nichts, woran du dich festklammern kannst. Was auch keinen Sinn hätte, weil du *nichts* hattest, mit was du dich hättest festhalten können, denn wohlgemerkt sind die Hände auf dem Rücken entweder mit Handschellen oder mit einem Seil fixiert. Meine Erkenntnis und mein Umgang damit? Irgendwann – zahlreiche Atemübungen helfen – weicht die Panik. Sie lässt der Neugier und der Frage Platz: Ist es denn überhaupt möglich, eine Strecke von fünfundzwanzig Metern unter diesen Umständen zu bewältigen? Die Antwort lautet Ja. Das ist möglich!

Doch vorher musste eine andere Frage gestellt und beantwortet werden: Was bringt mir das Ganze oder für was brauche ich das? Darauf gibt es mehrere Antworten. Die beste ist wohl die, dass, wenn du diese Technik beherrscht, dir im oder unter Wasser passieren kann, was will, du hast die Ruhe weg. Wir haben nämlich herausgefunden, dass, nimmt man dir die Handschellen im Rücken ab und sind die Beine von den Fesseln befreit, dich nichts mehr aus der Ruhe bringen kann. Du schwimmst plötzlich wie ein Fisch, zumindest fühlt es sich so an.

Diese Antwort mal beiseitegenommen, befanden wir Legionäre uns oft in Situationen, die uns das Leben gekostet hätten, wenn die oben beschriebenen Fähigkeiten von uns nicht gemeistert worden wären. Ich denke da an nächtliche Exkursionen mit unseren Pirogen auf den teils sehr gefährlichen Flüssen in Französisch-Guyana. Stell dir vor, du fällst in voller Montur ins Wasser (was mir schon passiert ist). Natürlich hast du deine Waffe per Sling safe auf deinem Rücken. Schwimmweste? Pustekuchen![17] Du trägst Kampfanzug, schwere Kampfstiefel, die Koppeltragehilfe, vielleicht sogar die ballistische Schutzweste. Alles engt dich ein. Ein Arm wird verletzt (Aufprall, Schussverletzung etc.), vielleicht auch beide. Das habe ich alles schon in ähnlichen Varianten erlebt. In solchen Situationen nicht nur die Ruhe zu behalten, sondern zu überleben, ist essenziell.

Am besten ist, du gehst zwei Mal die Woche ins Schwimmbad und übst das. Erst zwei, drei Meter, dann peu à peu immer etwas mehr. Übe es zunächst ohne Fesseln im hüfthohen Wasser. Wenn es dann in tieferes Gewässer geht, hol dir deinen Buddy, der idealerweise ein Rettungsschwimmer ist. Er sorgt dafür, dass deine Sicherheit gewährleistet ist und dass du nicht kopfvoran gegen das Becken knallst.

Bei unsrem GCM gehört diese Disziplin gar zum Aufnahmetest. Schaffst du das nicht, bist du draußen, beziehungsweis kommst gar nicht rein. Wie du das bewerkstelligst, also welche Technik du verwendest, bleibt

---

[17] Ich bin davon überzeugt, dass es weltweit keine Einheit gibt, die es sich leisten kann, komplizierte Übungen im Wasser ohne Schwimmwesten durchzuführen. 1985 haben wir manchmal Schwimmwesten getragen, mal nicht. Das war stets eine Entscheidung des Zugführers. Einige Zugführer lehnten dies generell ab.

allein dir überlassen. Es gibt nicht diese eine Technik. Du musst für dich herausfinden, was funktioniert und was nicht. Einige schwimmen wie Delfine, balancieren ihren Körper von vorn nach hinten und von oben nach unten. Wieder andere benutzen nur ihre Beine. Der Deal ist: Bekämpfe die Panik, dann ist der Rest ein Kinderspiel!

Notiz am Rande: Anfang Januar 2024 ertranken zwei Navy SEALs. Die Seals sind bei Gott die bestausgebildeten Schwimmer, die es gibt, zumindest wenn ich sämtliche Militäreinheiten betrachte. Sie waren gerade dabei, ein Schiff mit iranischen Waffen an Bord zu entern, als eine Welle sie davontrug. Waffen, Munition, Bodyarmour, Nachtsichtgeräte usw. am Mann, zog das Gewicht sie unbarmherzig in die Tiefe. Sie hatten keine Chance. Ich kenne die Männer von den Navy SEALs ziemlich gut. Ohne die Verdienste der SEALs im Allgemeinen schmälern zu wollen und immer im Andenken an die beiden Opfer – mögen sie in Frieden ruhen –, kann ich sagen, dass unter ihnen teilweise auch verdammte Cowboys sind. Du weißt schon: mit üblen Muckis, Sonnenbrille und *we are the best*-Slogans auf die Stirn graviert. Ihre Philosophie: Wir sind besser als andere und Schutz und eigene Sicherheit sind uns Fremdwörter. Dann kam eben dieser 11. Januar.

Bevor es an dieser Stelle weitergeht, noch ein Wort zu den SEALs. Ich mochte die Jungs wirklich, doch sie waren völlig anders gestrickt als wir Fremdenlegionäre. Im Jahr 1987 trainierte eine Handvoll Legionäre des Dritten Fremdenregiments der Legion (ich war dabei) drei Wochen mit den Navy SEALs in Puerto Rico. Die SEALs vom Team Vier nannten ihre Basis dort einfach Rosie. Wir bildeten die SEALs im Dschungelkampf aus, denn die Meister in dieser Domäne waren wir, die Jungs vom CEFE. In Sachen Urwald machte uns niemand etwas vor. Auch die SEALs nicht.

Alle SEALs, mit denen ich während dieser Ausbildung zu tun hatte, nannten sich Patrioten. Einige aber waren von der Gesinnung her so radikal, dass das alleinige Wort Patriotismus nicht mehr das abdeckte, was unter ihrer Ich-bin-ein-Profisoldat-Oberfläche alles so glomm und brodelte. Ich kannte und verabscheute diese Art des *Patriotismus*. Er war nicht aufgeklärt, wie ich und viele andere ihn lebten und verstanden, sondern höchst fanatisch. Ihre Worte, vor allem die, die sie nicht oder nur im angeheiterten Zustand aussprachen, klangen in meinen Ohren wie Hohn und Verachtung gegenüber allen Andersdenkenden und Andersglaubenden. Und ja, auch bei dieser Minderheit handelte es sich um Top-Jungs. Doch ob als Soldat bei den SEALs oder später dann als Contractor im Private Security Business, wo nicht wenige von ihnen ihren persönlichen, von Hass, Verrohung und Unausgeglichenheit geprägten Krieg weiterführten, glaubten sie, sie persönlich müssten auf irgendeine Art und Weise die Nine-Eleven-Opfer rächen. Sie wollten oder konnten ihr überhebliches Gehabe einfach nicht ablegen. Wer so hasserfüllt in den Krieg zieht oder mit Mordlust im Auftrag einer PMC unterwegs ist, kommt entweder gar nicht oder wenn schon, dann als moralisches Wrack nach Hause. Hatten ihre Vorgesetzten ihnen diesen Groll eingepflanzt? Oder die US-Regierung mit ihrer unsinnigen Kriegstreiberei? Oder musste man den Ursprung dieses *Unwohlseins* sogar in ihrer Wiege suchen? Whatever!

Ich studierte sie beim Training. Einige ihrer Techniken waren genial. Sie waren gleich so gut, dass wir mit den Gedanken spielten, sie in unser Ausbildungsprogramm aufzunehmen.

Nach getaner Arbeit saßen wir mit den SEALs in den Kaschemmen der Hauptstadt San Juan oder in der Stripteasebar in ihrem Basiscamp Roosevelt-Roads. Dort stellten wir fest, dass die SEALs bereits nach dem fünften oder sechsten Bier von der Wolke, auf der sie schwebten, herabstiegen. Blau wie Karpfen oder zumindest gut angeheitert wurden sie plötzlich *normal* menschlich. Zu dieser Normalität gehörte eine Portion Unsicherheit uns gegenüber. Selbst für sie waren Legionäre eine große Unbekannte. Sie waren wissbegierig. Hörten uns zu. Und sie sprachen viel. Den Gesprächen entnahm ich, dass sie Hand auf ein enormes Budget hatten. Das erklärte teilweise ihr großartiges, sehr spezielles, für Militärs nicht unbedingt herkömmliches Waffenarsenal. Ausbildungsmittel und persönliche Ausrüstung wurden von diesem Budget gleich mitfinanziert. Ihre weltweiten Erfolge in Sachen *Guerillaeinsatz hinter den feindlichen Linien* (siehe unter vielen anderen die Tötung von Osama bin Laden durch das Navy-SEAL-Team Sechs – Codename der Operation Neptune Spear, Mai 2001) waren auch Frucht des stets präsenten Nachschubs an Munition, an Medikamenten, an Nahrung, Informationen und eben der ständigen Verfügung über Bufallos[18]. Alles zur richtigen Zeit am richtigen Ort und in ausreichender Qualität und Quantität. Insofern machte ich mir meine eigene Philosophie über US-Eliteeinheiten und de facto über Firmen wie Blackwater, die eben hauptsächlich aus diesem Kontingent SEALS – MARINES – SOF ihr *Manpower* schöpften.

Sie waren weniger Einzelkämpfer als wir Legionäre. Wir Legionäre hatten gelernt, im Einsatz ohne Hass und ohne Leidenschaft zu agieren. Die Legion legte uns diese Demut in die Soldatenwiege. Eine Demut, die vielen amerikanischen Soldaten ganz einfach abging. Sie hielten sich meist für unbesiegbar, für unsterblich.

Dessen ungeachtet, verneige ich an dieser Stelle erneut mein Haupt vor dem Tod der Jungs, ertrunken im Januar 2024. Und ich denke an die SEALs (und Blackwater- Kameraden), ums Leben gekommen am 31. März 2004. Sie hatten damals einen hohen Blutzoll zu entrichten. Einen Blutzoll noch dazu, an dem die mangelhafte Einschätzung der Situation und die nicht unbedingt professionelle Vorbereitung ihrer Chefs ganz sicher mit schuld waren. Die Rede ist von den Ereignissen in Faludscha, der damaligen Hochburg des sunnitischen Widerstandes gegen die US-geführte Koalition. Man muss wissen, dass Falludscha zur damaligen Zeit das gefährlichste Pflaster weltweit für US-Security-Männer war. Sicherheitsleute anderer Firmen warnten die Blackwater-Truppe eindringlich vor einer Fahrt durch die Stadt. Die Warnungen wurden überhört. Dem Wortlaut des ersten Vertrages Missachtung schenkend, verfügte Blackwater für diesen Einsatz über keine adäquaten Fahrzeuge. Was sie hatten, waren zwei nicht gepanzerte Mitsubishi Pajero. Ihre Ausrüstung war mangelhaft und es fehlte an Feuerkraft wie Back-up-MGs etc. Auch das Kartenmaterial war nicht gerade erste Sahne.

Unter diesen Bedingungen hätten die Männer niemals losgeschickt werden dürfen, auch wenn es sich bei einem von ihnen – zumindest in der Theorie – um einen höchst erfahrenen Soldaten gehandelt

[18] Zur Erinnerung: Buffalo = Hubschrauber.

hatte. Ich rede von Scott Helvenston. Scott war ein Ex-Navy-SEAL. Eine Legende noch dazu. Der Fitnessstudio-Inhaber und Modellathlet hatte bereits mit siebzehn die harte Aufnahmeprüfung bestanden, doch Navy SEAL hin, Legende her, als Kämpfer im scharfen Einsatz durfte er kaum Erfahrung sammeln. Kämpfer Helvenston hatte diesen Tag in Falludscha nicht überlebt, denn was dort stattfand, war nichts anderes als ein vorprogrammiertes Desaster.

Zusammen mit den Gruppenmitgliedern Jerry Zovko, Wesley Batalona und Michael Teague transportierte Helvenston Lebensmittel und andere Ausrüstungsgegenstände an Bord der nicht gepanzerten Fahrzeuge in das Zentrum der Stadt Falludscha, wo das Team in einen Hinterhalt Aufständischer geriet. Die vier Contractors wurden durch Granaten und Handfeuerwaffen getötet, ihre Leichen aus den Fahrzeugen gezerrt, verbrannt und verstümmelt und anschließend (zwei Körper) an einer Brücke über den Euphrat gehängt. Die makaberen Fotos gingen um die Welt.

Erst unmittelbar nach dem Blackwater-Massaker erfuhren die US-Militärs, dass es sich bei den vier attackierten Amerikanern nicht um Soldaten, sondern um Contractors gehandelt hatte. Die Präsenz von Blackwater in ihrer Gegend war damals als solche kaum bekannt. Den Worten von Major Gerald de Lira nach, hatte es die Führung von Blackwater schlicht unterlassen, ihr Vorhaben mit dem in der Falludscha-Region zuständigen 1. Marine-Expeditionskorps abzusprechen und zu koordinieren. Die US-Regierung zu provozieren und ihre Soldaten aus den Kasernen zu locken, genau das war die Absicht der Aufständischen. Und genauso ist es dann auch gekommen.

Vier Tage nach dem Blackwater-Vorfall führten die U.S. Marines die Operation Vigilant Resolve durch. Es war die direkte Antwort auf das Massaker. Und die war lang und blutig. Seit der Schlacht um Huế 1968 in Vietnam hatten die Marines keine solch grausamen Straßen- und Häuserkämpfe mehr geführt. Als die Gefechte gegen Mittag am 9. April beendet waren, zählten sich die Toten zu Hunderten. Darunter waren 36 US-Soldaten, 200 Aufständische und etwa 600 irakische Zivilisten. Nicht nur an diesem Beispiel sehen wir, dass Zivilisten immer die Hauptlast der Kriege tragen müssen.

Viele sagen, dass jedes Land das Recht hat, sich zu verteidigen. Dieser Aussage stimme ich grundsätzlich zu. Nur gehen diese Menschen, so finde ich, einen Schritt zu weit. Wie? Indem sie die Augen vor dem schließen, was sich allgemein Kollateralschaden nennt. Sie argumentieren moralisch falsch, wenn sie sagen: *Der Gegner nimmt Zivilisten als Schutzschilder, er lässt uns somit gar keine andere Wahl, als völlig unkontrollierte Gewalt anzuwenden. Den Kollateralschaden müssen wir in Kauf nehmen.* Meine Ansicht als alter Militär ist klar: Man hat immer die Wahl! Nehmen wir an, in Berlin nimmt ein Amokläufer einen Kindergarten mitsamt Kindern als Geisel. Würden die Sondereinsatzkommandos in diesem Fall auch übermäßige Gewalt anwenden, weil sie keine andere Wahl haben? Ich denke nicht. Das würden sie nicht. Das würden sie deshalb schon nicht, weil abzusehen wäre, dass viele Kinder Opfer dieser Gewalt sein würden. Richtig wäre es aus meiner Sicht, die Sache mit Worten zu bereinigen. Zu deeskalieren, egal wie der Gegner heißt oder was er in den Augen der Menschen repräsentiert. Die Option, gewaltsam zu eskalieren, um die Kinder freizubekommen und den Täter zu neutralisieren, besteht immer. Aber an oberster Stelle steht das Leben der Kinder und nicht das Neutralisieren von zwei oder drei Schurken.

Das zu verstehen ist auch für dich sehr wichtig. Wenn du aus dir gut verständlichen Gründen in die Offensive gehen musst, dann screene das Umfeld. Wer, außer deinem Gegner und dir selbst, könnte zu Schaden kommen? Könnte dein Zorn Unschuldige treffen? Denk nach, *bevor* du handelst!

Aber ich habe doch keine Zeit. In der heißen Aktion. Die Gelegenheit ist da, es muss schnell gehen!

Stopp! Das sind Ausreden, Kamerad.

Rasch zurück zur Tagesordnung und somit zu einem aktuellen und wichtigen Thema.

Drohnen

Alles, was sich am Himmel bewegt, ist dir, bis zum Beweis des Gegenteils, feindlich gesinnt!

Was machen Drohnen?

Drohnen überwachen Feindbewegungen. Sie leiten die eigene Artillerie. Sie können selbst angreifen und unfreundliche Elemente ausschalten. Abtauchende Ziele werden mittels Drohnensensorik entdeckt, zugeordnet und eigenmächtig zerstört. Und es versteht sich von selbst, dass der Einsatz von Drohnen mit adäquater Optik und KI maximal optimiert wird.

Wenn wir früher auf Patrouille im Urwald, in der Savanne oder ganz einfach in europäischen Wäldern unterwegs waren, gestaltete sich die Aufgabenverteilung der Observation einfach. Der erste Mann beobachtete den unmittelbaren Nahbereich auf 12 Uhr (in Marschrichtung geradeaus). Er prüfte, ob es Anzeichen für Sprengfallen, IEDs oder andere Gefahren gab. Der dahinter laufende Mann observierte in die gleiche Richtung, nur deckte er den Fernbereich ab. Er sah dabei über die Schulter des ersten Mannes hinweg. Der Rest der Männer beobachtete der Reihenfolge nach links, rechts, links, rechts. Bloß der hintere Mann sah ständig auch nach hinten. Die reale Gefahr aus der Luft war obsolet, Hubschrauber konnten wir schon von Weitem hören.

Heute ist das komplizierter. Irgendwelche Klugscheißer haben nämlich zwischenzeitlich die Drohne erfunden. Um dem Soldaten das Leben zu vermiesen? Ja, das natürlich auch! Hauptsächlich aber aus dem Grund, das Auge nahe am Feind zu haben. Um zu sehen. Um zu zerstören. Um zu töten!

Ganz klar fällt mein Blick zunächst auf den Ukrainekrieg, ist es doch der erste richtige Drohnenkrieg in der Geschichte der Menschheit. Aufklärung aus der Luft gab es zwar schon vorher, aber mehr im strategischen Bereich. Ab dem Frühjahr 2022 ging es direkt in die Gräben und an den Mann. Aus Strategie wurde beinharte Taktik. Die Gefahr aus der Luft war und ist konstant. Der Himmel war und ist voll von unbemannten

Luftfahrzeugen, beziehungsweise Drohnen oder UAVs. Um zu überleben, müssen die Soldaten am Boden wachsam und wehrhaft sein. Die Gefahr zu kennen und schnell zuzuordnen ist dabei essenziell.

Zu Beginn des Krieges verfügten nicht alle Einheiten über Störsender (Jammer). Diese Dinger fluten einen bestimmten Frequenzbereich mit Funksignalen und machen so die Kommunikation zwischen Drohne und Pilot zunichte. Die Drohne verliert die Orientation und gerät sozusagen außer Kontrolle. Was dann geschieht, ist vorprogrammiert. In den meisten Fällen macht die Drohne kehrt und fliegt dahin zurück, wo sie gestartet ist. Vielleicht verharrt sie auch ratlos im Schwebeflug oder sie schmiert, wie zum Beispiel die amerikanische Schwitchblade, einfach ab.

Aber lasst uns ein bisschen näher auf das Thema Drohnen eingehen. Seit 2014 ist der Einsatz von Drohnen gegen potenzielle Gegner[19] eine sehr ernst zu nehmende Realität. Und das nicht nur im Einsatzgebiet verschiedener Krisen- oder Kriegsgebiete, sondern auch bei Polizei, Bundesgrenzschutz, Bergwacht und Feuerwehr. Im Jahr 2018 und mit dem Erscheinen der DJI-Phantom-4 machte der Einsatz herkömmlicher Drohnen einen signifikanten Sprung nach vorn. Durch sie wurde die Effizienz der Aufklärung aus der Luft schlagartig verbessert. Wieder ein Jahr später tauchten die ersten Bayraktar-Drohnen auf. Sie waren moderner und mächtiger. 2022 marschierten die Russen in der Ukraine ein. Die ukrainische Armee verfügte nun bereits über modernste Drohnen vom Typ Mavic, DJI, Autel, Matrice und andere. Diverse Drohnenhersteller wuchsen aus dem Boden wie Champignons nach einem lauwarmen Herbstregen aus der warmen, feuchten Erde. Killer- und Kamikazedrohnen wie Switchblade, FPV und Warmate erblickten das Licht der Welt. In der taktischen Anwendung lassen sich vor allem kleinere Drohnen zu hinterlistigen Flugobjekten umfunktionieren. Längst gibt es sogenannte wartende Drohnen. Sie liegen an Straßen- und Wegrändern, warten bis der Gegner vorbeimarschiert oder vorbeifährt, erheben sich dann blitzschnell im Rücken des Feindes in

[19] Aber auch zum Aufstöbern von Flüchtigen und verschwundenen Individuen oder Gruppen. Zum Einsatz der Zerstörung von Anlagen und Militärgerät etc.

die Lüfte und schlagen zu. Glasfaserdrohnen können eine Reichweite von bis zu zwanzig Kilometern und mehr erreichen und sind immun gegen elektronische Störsender.

Alle diese Drohnen markieren eine neue blutige Ära, deren Technik jedoch durch die Kombination von unbemannten Flugobjekten im Zusammenspiel mit künstlicher Intelligenz längst getoppt wird. In Sachen Drohnen bedienen sich die Ukrainer westlicher Systeme, während ihre Gegner, die Russen, eher auf Drohnen aus dem Iran und aus China zurückgreifen. Die westliche Technologie war und ist meiner Einschätzung nach eindeutig überlegen. Doch das ist nur eine Momentaufnahme. Warum? Weil westliche Technologie, wir kennen das aus der Praxis bei der Bundeswehr, von erschwerender Bürokratie verlangsamt wird. Wir brauchen einen Antrag, um ein Antragsformular zu erhalten, dass dann ausgefüllt und per Antrag möglicherweise freigegeben wird, ohne jedoch die Garantie, dass dem Antrag zum Antrag stattgeben wird. Verwirrend? Nein! Normalität im sogenannten Westen. Sollte die NATO irgendwann in einem direkten Krieg mit Russland stehen (alles weist im Augenblick darauf hin, dass genau das nur noch eine Frage der Zeit ist), wird sich diese Langsamkeit der Prozeduren rächen. Den Russen geht alles flexibler und schneller von der Hand. Wichtige Entscheidungen werden zeitnah, meist sehr schnell und ohne großen bürokratischen Aufwand getroffen.

Die tschechische Firma LPP-Holding hat brandneue MTS-Drohnen herausgebracht und diese bereits im Einsatz in der Ukraine unter realen Kampfbedingungen getestet. Die Dinger sind KI-gesteuert und funktionieren ganz autonom. GPS brauchen sie nicht. Da kann der Gegner jammen beziehungsweise Störmaßnahmen einleiten bis zum Sanktnimmerleinstag, diese Drohnen fliegen einfach weiter und machen ihren Job. Sie erkennen ihre Ziele automatisch mittels vorher eingespeicherter Objektdaten. Sind sie in der Luft, kann sogar der Bediener sagen: *Ich bin dann mal weg.* Er macht ein Nickerchen, während die Drohne den ihr zugewiesenen Job erledigt. Das alles ist beängstigend.

Aufklärung aus der Luft mittels Drohnen findet mehr und mehr auch nachts statt. Nach Einbruch der Dunkelheit werden Objekte näher inspiziert, die tagsüber gesichtet und als verdächtig eingestuft wurden. Genau wegen dieser nächtlichen Aufklärung solltest du dich draußen – weg von einem Shelter oder vom Sichtschutz – auch nachts nur dann bewegen, wenn es unbedingt notwendig ist. Bist du im Wald, dann bleib im Schutz der dichten Baumkronen. Befindest du dich im urbanen Spektrum, laufe, wenn schon draußen, dann immer nur in der Nähe zu größeren Gebäuden. Wichtig ist die Lichtdisziplin. Vorsicht beim Rauchen (nur in der hohlen Hand, auch in Gebäuden). Keine Taschen-, Stirn- oder Frontallampen, wenn es sich vermeiden lässt. Kein Feuer! Oder wenn schon Feuer, dann nur verdeckte Gruben- beziehungsweise Dakotafeuer. Gruppenbildungen sollten vermeiden werden, wo es nur geht. Als alter Soldat habe ich sogar den Reflex, nicht laut zu reden. Woher kommt das nur?

Eine ganzumfängliche Abhandlung über Drohnen sprengt den von mir vorgegebenen Rahmen dieses Buches, also schnell zurück zur Ausgangslage. Ich habe mit einigen Franzosen gesprochen, die in der Ukraine im Einsatz waren. Was sie über Drohnen zu sagen hatten, war einfach und lässt sich mit wenigen Worten zusammenfassen.

Tout est repéré, à moins d'être à couvert !

Alles wird geortet, erkannt und gesehen, es sei denn, es (oder du) bist in Deckung!

Als ich nachhakte, sagten sie, dass Deckung nicht automatisch Schutz vor der Wirkung bestimmter Projektile bedeutete, sondern dass sich diese Aussage zuallererst auf den Sichtschutz bezog. Nicht gesehen werden war oberste Pflicht. Dem möchte ich hinzufügen, dass, im Gegensatz zu dem, was viele Menschen denken mögen, die gut angewandte Körpertarnung angesichts der immer effizienter werdenden Drohnen, ausgestattet mit WBKs oder IR-Kameras, nicht obsolet ist. Eher das Gegenteil ist der Fall. Wer die Technik des Tarnens und Täuschens beherrscht, hat sehr gute Chancen, sich auch der Sicht der Drohnen zu entziehen. Da geht es ein Stück weit auch um Selbstdisziplin.

Was tun?

Selbst die beste Drohne der Welt nimmt grob gesehen nur zwei Spektren wahr. Das eine ist die direkte Sicht auf die Realität am Boden, zu See oder in der Luft. Vornehmlich die Bewegung. Und zweitens eben Eindrücke, die von Wärmebild- bzw. Infrarotkameras generiert werden. Lies dir diesen einfachen Satz langsam noch einmal durch, und du weißt, worauf es ankommt. Man könnte davon ausgehen, dass der Gejagte am Boden kaum eine Chance hat, einer Drohne zu entgehen. Doch das ist nur die halbe Wahrheit, denn wenn es stimmt, dass es an der Front und im Kriegseinsatz schwierig ist, sich den Blicken neugieriger Drohnenkameras zu entziehen, so stimmt es auch, dass jede Drohne nur eine gewisse Reichweite oder Autonomie besitzt. Dann ist es auch so, dass Drohnen nur das machen, wozu sie aufgefordert werden. Auch hier bestätigen Ausnahmen die Regel, zum Beispiel über einem kleinen Waldgebiet fliegen, um dort aufzuklären. Hier besteht der Anfangsverdacht, dass sich der Flüchtende auch in diesem Waldgebiet befindet. Warum besteht der Verdacht? Weil dich jemand dort gesehen hat. Warum hat man dich gesehen? Weil du die oben genannten Prinzipien des Tarnens und Täuschens nicht beherzigt hast. Punkt! Die Drohne fliegt aber nicht einfach so in der Gegend rum, sie nimmt auch Fotos auf oder sie filmt. Das macht sie vom infrage kommenden Terrain mehrmals. Zurück an der Basis werden die Aufnahmen ausgewertet und in der Zeittiefe miteinander verglichen. Was das heißt, brauche ich dir hoffentlich nicht erst zu erklären. Hier noch einmal alle Tipps kompakt.

So bekommst du alle Chancen auf deine Seite, nicht sofort von einer Drohne entdeckt zu werden

- Jede Bewegung, jede Veränderung, alles, was in dem infrage kommenden Umfeld neu hinzukommt oder plötzlich nicht mehr da ist, fällt, aus der Luft gesehen, sofort auf. Der Drohnenoperator achtet auf alle Feinheiten. Entdeckt er etwas Ungewöhnliches, werden in Windeseile die vorher aufgenommenen Fotos und Filme miteinander verglichen.
- Wenn du Versteck beziehst, tarne es gut. Hinterlasse keinen sichtbaren Erdaushub. Begutachte dein Versteck aus mehreren

Blickwinkeln und Perspektiven. Wenn dir etwas auffällt oder komisch vorkommt, fällt es der Drohne auch auf und es kommt ihr genauso komisch vor. Dann besteht Handlungsbedarf. Lass dein Equipment nicht sichtbar draußen liegen.

- Wirf keinen Müll weg. Gar nichts, nicht mal den Deckel einer Plastikflasche. Vergrabe keinen Restmüll in Verbindung mit Biomüll. Damit meine ich vor allem Essensreste, zum Beispiel noch eingepackt in Plastik oder Papier. Tiere graben das Zeug aus, es wird sichtbar, du könntest entdeckt werden.
- Pass dich farblich dem Umfeld an. Am besten ist, du kriechst in dichtes Gebüsch, tarnst das Ganze so gut es geht nach oben mit einem Tarnschal oder noch besser mit einem Tarnnetz.
- Wenn du dich bewegen musst, dann mach das in unmittelbarer Nähe zu irgendwelchen Tunnels, Ruinen oder zum Beispiel auch Scheunen. Sollte der Verdacht bestehen, dass eine Drohne oder ein Hubschrauber mit Wärmebildkamera im Anflug ist (sie ist also noch weiter weg), verschwinde in einem dieser Gebilde.
- Benutze Taschenlampen, Frontallampen, Feuerzeuge und Streichhölzer (Feuer) und Signallampen nur, wenn es absolut notwendig ist. Um dich gegen WBK zu schützen, benutze Thermo- oder Aludecken wie du sie auch in jedem guten Verbandskasten findest.
- In einem meiner Clips (*Escape*-Serie) nahm ich eine Schweizer-Armee-Decke, tränkte sie mit Wasser, rannte zum nächsten Baum in Deckung und hüllte mich mit der vor Nässe triefenden eiskalten Decke ein. So konnte die Wärme nicht sofort nach draußen und die Wärmebildkamera hätte mich womöglich nicht entdeckt.
- Möchtest du dich nach dem langen Marsch nur kurz ausruhen, spanne dein Flecktarn-Tarp recht straff und lege dich darunter. Achte auf zwei Dinge. Das Tarp sollte nicht höher als etwa achtzig Zentimeter sein und du darfst es mit keinem einzigen Körperteil von innen berühren.
- Auch hier gilt, stelle dein Handy entweder auf Flugmodus oder schalte es aus. Möglicherweise kann die Drohne dich dennoch aufspüren, aber das weißt du nicht. Dein Anliegen ist es, dafür zu sorgen, dass alle Chancen auf deiner Seite stehen.

- Schau dich ständig um. Je früher du eine Drohne am Himmel erkennst, desto mehr Zeit bleibt dir, auf die Gefahr zu reagieren. Wenn du eine Drohne aus nächster Nähe siehst, beweg dich nicht. Wie bereits erwähnt, zieht Bewegung Aufmerksamkeit auf sich. Sollte dich eine Drohne entdeckt haben (du erkennst es daran, dass sie plötzlich tiefer geht und über dir schwebt), renn los. Renn im Zickzack (Schlangenlinie) dorthin, wo eine Drohne nicht ohne Weiteres fliegen kann. Wald, Wohnungen, niedrige Tunnels und so weiter.
- Kommt eine Drohne dir so nahe, dass du glaubst, nur die Hand austrecken zu müssen, um sie berühren zu können, wirf irgendetwas nach ihr. Einen Knüppel, ein Brett, einen Stein. Alles, was dir gerade in die Finger kommt. Schieße sie ab, wenn du eine Waffe hast! Vielleicht ist das Glück dir hold und du triffst sie. Sollte die Drohne infolge deines Angriffs abschmieren, geh nicht hin. Sie könnte vermint sein.

Wie bereits erwähnt, hat jede Drohne eine überschaubare wie auch berechenbare Autonomie. Sie fliegt ihre Tour und kehrt zum Operator zurück, und es sollte sich jeder Flüchtende die Frage stellen: *Würde man wegen mir dieselbe Drohne noch mal losschicken oder gar fünf, sechs oder mehr Drohnen zum Einsatz bringen?* Nun, ich denke, es hängt von deinem Marktwert ab. Welche Nummer bist du, was hast du ausgefressen, warum sucht man dich und mit wem hast du es zu tun?

Abschließende Frage an Thomas Gast: Welche Art Drohnenabwehr hättest du auf deiner Flucht gerne dabei? Antwort: Eine einfache Pumpgun, Kaliber 12. Gerne auch eine Benelli-M4-Kurzschrotflinte.

Weitere wichtige Tipps

Vorsicht bei Gewaltmärschen!

Wenn langes Marschieren mit schwerem Gepäck neu für dich ist, kann es von Beginn an zu recht unangenehmen Phänomenen kommen. Die Rede ist hier nicht von deinem Körper. Der leidet sowieso. Besonders

Füße und Rücken. Vielmehr geht es um deine Psyche. Beim Marsch durch feindliches Gebiet solltest du dich, vor allem nachts (du erinnerst dich: wir marschieren *nur* nach Einbruch der Dunkelheit!), von deiner Intuition, aber auch von deinem glasklaren Verstand leiten lassen. Du siehst oder hörst etwas, was nach Gefahr aussieht oder sich so anhört? Dann ist es mit hoher Wahrscheinlichkeit auch eine Gefahr. Vertraue immer zuerst dem, was du siehst. Das aber trifft immer erst zu hundert Prozent zu, wenn du bereits ziemlich oft marschiert bist und alle Tücken deiner Psyche kennst. Was ich dir jetzt erzähle, bestätigten mir auch Kameraden, die Ähnliches erlebt haben. Im Jahr 1982 machte ich als Unteroffizier den Einzelkämpferlehrgang der Bundeswehr. Eigentlich wollte ich zum Freifallerlehrgang, aber mein Kompaniechef sah das anders.

Wer in meiner Kompanie Freifaller werden will, muss erst Einzelkämpfer sein!

Ich trat also zum Einzelkämpferlehrgang an der Luftlande- und Lufttransportschule in Altenstadt bei Schongau an. Ich kann mich täuschen, denke aber, dass diese Art Lehrgänge damals an der 5. Inspektion durchgeführt wurden. Der Lehrgang fand mit Teilen im legendären Sauwaldhof statt. Alte Fallschirmjäger kennen den Sauwaldhof sehr gut. Das Kernstück der Ausbildung war eine abschließende 55-Stunden-Übung. Während dieser Zeit gab es keinen Schlaf. Essen? Pustekuchen! Was aber angesagt war, war ein brutaler Gewaltmarsch.

Ich huschte also in einer eiskalten stockdunklen Nacht mit einem schweren Rucksack über kaum sichtbare Pfade im Wald, als ich plötzlich einen D-Zug mit wahnsinniger Geschwindigkeit auf mich zurasen sah. Was macht der vernünftige Mensch? Genau das, was Thomas Gast auch macht! Er wirft sich sofort zur Seite und hofft, dass der Zug ihn nicht erwischt. Ich tat also haarscharf und ohne eine Sekunde zu überlegen genau das ... und landete in einem Graben, in dem hüfthoch stinkendes Wasser stand! Der Graben war real, ich selbst nass von unten bis oben. Und ich stank wie ein Penner, der in einem Müllcontainer übernachtet hat. Was absolut nicht der Realität entsprach, war die Präsenz von diesem vermeintlichen D-Zug. Von dem war weit und breit nichts mehr zu sehen. Ich bin während des Marschierens wohl einer Art Sekundenschlaf verfallen, anders kann ich mir das alles nicht erklären. Mein Geist hatte mir etwas vorgegaukelt, was nicht existierte. Ich habe also dem Glauben geschenkt, was ich momentan sah oder zumindest glaubte zu sehen. Das Resultat war eine momentane Aufgewühltheit. In diesen Sekunden war ich nicht ich selbst. Vielmehr befand ich mich in einem Zustand, den ich als nichteinsatzfähig abstempeln würde. In mir drin herrschte momentanes Chaos. Und ich wusste, hätte mir das, was ich Verstand nenne, Feind vorgegaukelt, hätte ich sofort mit meinem G-3 das Feuer eröffnet. Ich hätte wohl ein ganzes Magazin rausgejagt. Meine Position wäre jedem Gegner im Umkreis von mehreren Kilometern sofort preisgegeben worden. Wegen Peanuts. Wegen eines verdammten D-Zugs, den es nicht gab.

Bei späteren einsatzbedingten Märschen und aus den dadurch gemachten Erfahrungen schlau geworden, lief ich in den Jahren darauf weniger mit dem Verstand durch Feindesland, vielmehr vertraute ich mehr meiner Intuition und meinem Bauchgefühl. Letzteres sagte mit innerhalb vom Bruchteil einer Sekunde mehr als einmal: *Nein, Thomas. Bleib ruhig. Es ist absolut unmöglich, dass es hier mitten im Wald, abseits aller Straßen, Wege und Gleise, so etwas wie einen D-Zug gibt!*

Wirf dich also sofort in Deckung, wenn du etwas hörst oder siehst, was bedrohlich scheint, bleibe aber fokussiert. Bleib einsatzbereit. Suche und finde blitzschnell den Unterschied zwischen Realität und Sinnestäuschung.

Unterwegs von dem leben, was der Wald hergibt

Bist du zu Fuß unterwegs, brauchst du Energie. Keiner spult die zurückzulegenden Kilometer für dich ab. Jeder einzelne Meter kostet Kraft. Natürlich hast du im Rucksack alles dabei, um längere Zeit deinen Hunger zu stillen. Unterwegs Wasser zu finden dürfte keine allzu große Herausforderung darstellen. Zumindest nicht in Zentraleuropa. In der Wüste und in der Savanne wird es zugegebenermaßen schon schwieriger. Doch bleiben wir vorerst in Europa. Die Chancen, hier Nahrung zu finden, sind in der Zeit zwischen Frühling und

Herbst besonders groß. Einerseits gibt es Beeren, Pilze, Wurzeln und bestimmte essbare Pflanzen, andererseits kann man Fallen jeglicher Art aufstellen. Den Hinweis, dass das verboten ist, benötigen wir nicht. Wir wissen es. Also, es ist verboten, Fallen aufzustellen! Damit machst du dich strafbar. Du fällst in die Kategorie Wilderer. Jetzt mach ich mich mal unbeliebt. Wenn ich auf der Flucht bin und es ums Überleben geht, ist mir Rille, wie man mich nennt. Wilderer hin, rücksichtsloser Bandit her. Hunger schieben ist nicht schön, aufgeben und mich erwischen lassen, weil ich völlig ausgelutscht und am Ende meiner Kräfte bin, ist auch nicht so prickelnd.

Fallenbau

Über die Allgemeinheiten von Fallen habe ich bereits in meinem Buch *Survival für Anfänger* geschrieben. Wir dürfen eines nicht vergessen. Wir befinden uns auf der Flucht. Mit dem Fallenbau müssen schnelle Resultate erzielt werden, weil einfach keine Zeit bleibt, lange darauf zu warten, dass uns Karnickel, Ratte und Co den Gefallen tun, sich mal schnell gefangen nehmen zu lassen. Wenn ich jedoch in einer hoffnungslosen Situation und halbverhungert bin, muss ich das Risiko eingehen und Fallen bauen. Aus diesem Grund, und nur aus diesem Grund, hier noch zwei Fallen, die einfach und effizient sind, und die du vielleicht noch nicht kennst.

Beide sind schnell angefertigt. Sie müssen dort ausgestellt werden, wo nachweislich Wild unterwegs ist. Ist ein Bach in der Nähe, geh hin. Schau dich um. Spuren, hinterlassen von Kleintieren, die zum Wasser hin und von dort wieder wegführen, sind generell gut erkennbar. Genau dort würde ich die Fallen aufstellen.

Das Prinzip der **Apachenfalle** ist einfach. Ein Loch im Boden. Eine Schlinge darüber. Ein loser, beweglicher Baumstamm oder großer Stein quasi als Schlepplast, fertig.

Und so wird's gemacht.

- Grabe ein kreisförmiges Loch. Radius zwanzig Zentimeter (oder aber mindestens genauso breit wie der Pfad), Tiefe dreißig Zentimeter.
- Lege ein rechteckiges Stück dicken Karton oder ein sehr, sehr dünnes biegsames Blech darüber.
- Schneide, wie auf der Zeichnung sichtbar, ein großes X in Blech oder Karton.
- Lege die Schlinge darüber (wie du eine Schlinge richtig anfertigst, entnimmst du meinem Buch *Survival für Anfänger*).
- Führe das andere Ende des Drahtes oder der Schnur bis zum Stein oder Baumstamm und befestige es daran.
- Zum Schluss tarnst du das Ganze.

Der dicke Karton beziehungsweise das Blech stellen sicher, dass die Schlinge so lange an der Pfote des Tieres bleibt, bis diese straff gezogen ist. Das Tier flüchtet mit der Last, bis es müde ist. Dann kann es gefangen, getötet und entweder vor Ort zubereitet oder mitgenommen werden. Solltest du es mitnehmen, weide es vorher sauber aus oder schneide, ohne es auszuweiden, die besten Stücke raus und setze deine Flucht fort. Nimm alles mit, was du nicht verwerten kannst (Därme,

Kopf, Pfoten usw.), und wirf es in den nächsten Fluss. Bist du bereits ausgehungert, willst aber nicht das Risiko eingehen, für das anstehende Festmahl eine Pause einzulegen, iss die Leber, insofern das Tier kein Fleischfresser ist, roh. Sie schmeckt gut und ist sehr nahrhaft.

Bei der zweiten Falle handelt es sich um eine robuste Schlinge, die, etwa 55 Zentimeter im Diameter, circa 45 Zentimeter vom Boden weg angebracht wird (siehe Zeichnung).

Wenn die sich selbst zuziehende Schlinge gut verankert ist, wird sich das in Panik geratene Tier selbst erdrosseln. Als Anker benutzt du am besten einen quer gelegten Baumstamm, den du gut befestigst.

Ich wiederhole: Fallen stellen ist verboten!

Gut. Du hast Fleisch für eine oder mehrere Mahlzeiten. Jetzt gilt es, ein sicheres Versteck zu finden, Feuer zu machen und das Fleisch zu braten oder zu kochen. Bevor wir diesen Schritt aber unternehmen, eine andere Sache, die du wissen musst. Außer dem Muskelfleisch des Tieres kannst du folgende Partien problemlos essen.

- **Hirn**
- **Magen**
- **Augen**
- **Zunge**
- **Leber**
- **Lunge**
- **Herz**
- **Nieren**

Wenn ich *problemlos* sage, meine ich damit, dass all diese Dinge – Fleisch inklusive – behandelt werden müssen. Am besten hitzebehandelt. Befindest du dich jedoch im absoluten Survivalmodus, bist auf der Flucht und Feuer machen ist nicht drin, iss (insofern es sich bei dem Tier nicht um einen Fleischfresser handelt) alles roh. Mehr als einmal war ich gezwungen, rohen Fisch zu essen. Ich kann jetzt nicht sagen, dass es mir geschmeckt hat. Ganz im Gegenteil. Das war teilweise richtig eklig und Fisch roh essen kostet maximale Überwindung. Aber ich lebe. Deshalb war es mir das wert.

Das erste Mal, dass ich rohen Fisch essen musste, war am CNEC in Mont-Louis. Die Ausbilder verlangten von uns, dass wir noch zappelnde Sardinen per Kopfbiss töteten und sie, so wie sie waren, roh verschlangen. Da wir tagelang nichts Richtiges zu essen bekommen hatten, fiel uns das erstaunlich leicht. Trotzdem hätte ich dem *Béret-Rouge* vom 1. Choc die Sardine am liebsten vor die Stiefel gekotzt. Aber das wäre es dann auch gewesen mit dem Lehrgang.

Frösche und Salamander kann man essen. Hüte dich nur vor Fröschen, die ein Kreuzmuster auf dem Rücken haben, oder vor allzu bunten Vertretern ihrer Art. Schillernde Farben bei einem Frosch signalisieren dir: Stopp! Verwechsle einen Frosch bitte nicht mit einer Kröte. Der Frosch hat eine eher glatte Haut, die von der Kröte ist warzenförmig. Eine Kröte hat kurze Beine. Sie springt nicht. Kröten können gegessen werden, ich rate aber vehement davon ab. Wenn du aber nichts anderes hast, dann ziehe der Kröte vor dem Kochen oder Braten die Haut ab, denn auf der Haut liegen toxische Drüsen. Salamander hingegen können bedenkenlos gegessen werden. Auch hier gilt: kochen, braten, grillen. Auf jeden Fall aber hitzebehandeln.

Ich möchte euch nicht damit langweilen, zu erzählen, dass ihr im Wald und auf der Wiese zu bestimmten Jahreszeiten Blaubeeren, Preiselbeeren, Löwenzahn (Blatt, Blüte und Wurzel), gewisse Nüsse, Brennnessel, Wegerich und Pilze aller Art finden könnt. Das wisst ihr selbst. Außerdem ist der Titel des Buches nicht *Survival für Anfänger*, sondern *Survival Profi*. Vielmehr möchte ich das Nichtkonventionelle, das im Verborgen liegende hervorkehren. Das wäre?

Der Fliegenpilz.

Ja, richtig gelesen. Ich rede vom Rotkäppchen mit den weißen Punkten drauf. Bevor ich damit jedoch beginne, verweise ich auf den Disclaimer. Dort steht klar und deutlich: **Macht das nicht! Oder nur auf eigene Gefahr!**

Es kursiert wohl eine Grundüberzeugung, die da besagt, dass der Fliegenpilz hochgiftig ist. Tödlich gar! Ich nehme es vorweg: Sein Kollege, der Grüne Knollenblätterpilz, ist bei Weitem gefährlicher und wäre Rotkäppchen wirklich tödlich, würde Thomas Gast nicht mehr unter den Lebenden weilen, dieses Buch würde es nicht geben. Sicherlich ist der Fliegenpilz giftig. Aber es gibt da noch eine andere, uralte und gut versteckte Wahrheit. Der Fliegenpilz beinhaltet eine der ältesten psychoaktiven Substanzen, die in Asien, aber auch in Europa zur Anwendung kamen. Ich sammle den Fliegenpilz immer dann, wenn ich ihn finde. Er wird in feine Scheiben geschnitten, getrocknet, zu Pulver gerieben und fein dosiert in Wasser angerührt eingenommen. Das war für das Grobe. Gehen wir zu den Feinheiten.

Die feinen Scheiben des Pilzes kann man zum Beispiel auf einem heißen Stein, aufgehängt im Wind oder direkt über dem Feuer trocknen. Wenn ich sage trocknen, dann meine ich wirklich trocken. Nicht in etwa oder etwas oder ungefähr, sondern furztrocken! Wenn du die Scheiben zwischen die Finger nimmst und sie zerreibst, muss es krachen und krispeln, als hättest du Kartoffelchips in deinen Händen. Die trockenen Scheiben sollen nun zu sehr feinem Pulver (Wirkstoff Muscimol) zermahlen werden. Jetzt ist Mikrodosing angesagt. Ich nehme 0,5 Gramm von diesem Pulver in kaltem Wasser eingerührt ein. Der Effekt? Ich werde leistungsfähiger. Nein, ich werde nicht high oder verfalle gar in Trance oder ins Delirium, ich fühle mich einfach nur leistungsstärker. Um besser schlafen zu können, wiederhole ich den Vorgang vor dem Schlafengehen mit warmem Wasser. Ich schlafe tiefer, tauche aber nicht ab. Schleicht sich jemand an, wach ich wie üblich auf. Ohne Benommenheit, Ka-Bar in der Hand. Selbst der Fliegenpilz kann einen alten Soldaten wie mich nicht überlisten.

Weiterhin kam mir von Freunden zu Ohren, dass die Einnahme von Fliegenpilzen, wie oben beschrieben, das allgemeine Suchtverhalten radikal verändern kann. Raucher und Trinker verspüren angeblich weniger Lust auf Tabak und Alkohol.

Das Stichwort Schlaf ist gefallen

Ich möchte dich an dieser Stelle an deinen Auftrag erinnern. Du hast nur einen: *Überleben!* Das impliziert, dass du mit deinen Kräften gut haushältst. Ruh dich aus, wann immer die Gelegenheit sich bietet. Schlaf, so oft es geht. Wir wissen, dass ein guter Soldat nie schläft. Er ruht mit einem Auge! Also ruhe, wann immer du kannst!

In *Survival für Anfänger* habe ich über essbare Pflanzen gesprochen. Es versteht sich von selbst, dass es hier kaum Wiederholungen geben sollte. Ausnahmen bestätigen die Regel. Eine Sache jedoch möchte ich noch einmal betonen, weil sie mir wichtig scheint. Wenn du unterwegs bist und essbare Pflanzen siehst, nimm sie mit. Mach es auf eine Art und Weise, dass niemand sieht, dass hier gerupft oder geschnitten wurde. Wenn es geht, stopf dir unterwegs die Backen mit Bitterstoffen voll. Nimm zum Beispiel Schaumkraut, behaart oder bitter. Das Zeug enthält jede Menge Spurenelemente und Vitamin C. Sammle Judasohren. Kennst du nicht? Dann wird es aber Zeit! Im Judasohr finden sich Eisen, Magnesium, Kalium, Phosphor und Vitamin C und B. Nimm mit, was du kriegen kannst. Ich werde nicht beschreiben, wie Judasohr und Schaumkraut aussehen. Mach dich schlau, geh raus und begib dich auf die Suche für eure erste Begegnung. Noch mal: Du solltest heute oder spätestens morgen rausgehen und dir die Dinger anschauen, und nicht nur im Buch darüber lesen, abnicken oder durchwinken und dich weiter auf dem Sofa räkeln. Überlass das Couch-Potato-Dasein den andren.

Hast du die Dinger gefunden, schreib mir eine E-Mail, Stichwort Judasohr. Ich hechle nach Feedback.

Egal wie dein Tag aussieht, du benötigst mindestens 2000 Kilokalorien. Na ja. Zum Überleben reichen 500. Wenn du wenig zu essen hast oder deine Reserven nicht angreifen möchtest, trink viel Wasser. Wenn ich sage *viel*, meine ich vier bis fünf Liter. Das füllt den Magen, killt das Hungergefühl und verschont dich vor der Dehydration. Auch hier kommt es darauf an, in welchen Breitengraden du unterwegs bist. In der Wüste verlierst du bis zu zwei, manchmal sogar drei Liter Wasser pro Stunde. Das ist vielleicht darauf zurückzuführen, dass du falsch beraten bist und tagsüber marschierst: Großer Fehler! Marschier in der Wüste nur nachts oder in den frühen Morgenstunden.

Notabene: Marschiere im Urwald *nie* nachts. Zu gefährlich! Mit Narcisse, meinem alten brasilianischem Mentor, sind wir immer nachts raus. Aber wir kannten uns gut aus. Der Urwald war so etwas wie unser Zuhause.

Zurück zur Wüste. Allerspätestens wenn die Sonne seit zwei Stunden aufgegangen ist, ist Biwak einrichten Pflicht. Mit dem Ausscheiden von Wasser verlierst du Elektrolyte. Du hast Salz bei dir. Gut. Menge einen Viertel Teelöffel Salz jedem Liter Wasser bei. Denk immer dran, dass übermäßige Kälte, Wassermangel und fehlende Willenskraft deine ärgsten Feinde sind!

Pflanzen, die dich umbringen können

Wir reden immer nur von essbaren Pflanzen. Welche Pflanzen solltest du denn gar nicht essen, und zwar niemals. In unseren Breiten hätten wir zum Beispiel ...

- **Akonit oder Wolfswurz (casque-de-Jupiter):** Du hast Selbstmordgedanken? Na dann los! Früher tauchte man Pfeile in den Wolfswurzsaft, um damit Wölfe zu töten.
- **Wasserschierling:** Er enthält Cicutoxin, ein Zeug, das dich umbringen kann. Nicht umsonst machen die Einheimischen in Kamtschatka Pfeilgift draus.
- Meide den **Grünen Knollenblätterpilz** wie die Pest. Immerhin verursacht er mehr als neunzig Prozent aller tödlich verlaufenden Pilzvergiftungen.
- Das **Ähren-Christophskraut** ist stark giftig und darf auf keinen Fall gegessen werden.
- Die **Eibe** ist giftig!

Weil wir schon gerade von Gift reden, bleiben wir doch gleich mal dabei. In Europa gibt es kaum Giftschlangen, die uns Menschen wirklich gefährlich werden können. Schlangen aber können, wenn erspäht, leicht mit der Hand gefangen werden. Leichter zumindest als Vögel oder Fische. Benutze dazu eine zurechtgeschnittene Astgabel. Wenn es aber schnell gehen muss, tritt einfach drauf. Sei nicht zimperlich, habe kein Pardon, sie landet eh im Kochtopf. Nimm sie mit einer Hand knapp hinter dem Kopf und schneide denselben mit der anderen einfach ab. Am besten vierfingerbreit hinter dem Kopf. Mach einen Längsschnitt, zieh ihr die Haut vom Körper, und ab aufs Feuer damit. Solltest du vorhaben, sie später zu braten, schneide trotzdem den Kopf ab, bevor du sie im Rucksack verstaust. Handelt es sich nämlich tatsächlich um eine Giftschlange (Horn-, Kreuz- oder Wiesenotter, Aspisviper, alle nicht wirklich lebensgefährlich), kann das Gift das Fleisch ungenießbar machen. Iss sie noch am selben Tag. Eine Schlange, gut zubereitet, schmeckt sehr gut.

Notabene: Ich höre immer wieder davon, dass dubiose Survivalfreaks den Leuten ernsthaft erzählen, sie sollten doch, um zu überleben, ihren eigenen Urin trinken. Gab's da nicht diesen schmalgesichtigen Briten? Der hatte das sogar in DMAX und auf YouTube gezeigt, wobei ich glaube, dass das Video gestellt war. Natürlich hören sich solche Geschichten höchst spannend an, aber da ist nichts dran. Im Gegenteil. Mit jedem Schluck Urin bringst du dich nur schneller in die Intensivstation oder ins Grab. Die Salzkonzentration im Urin ist sehr hoch. Ob der Urin jetzt etwas heller oder dunkler ist, die Tatsache bleibt bestehen. Trinkst du deinen Urin, wirst du im Schnitt drei bis fünf Mal schneller austrocknen.

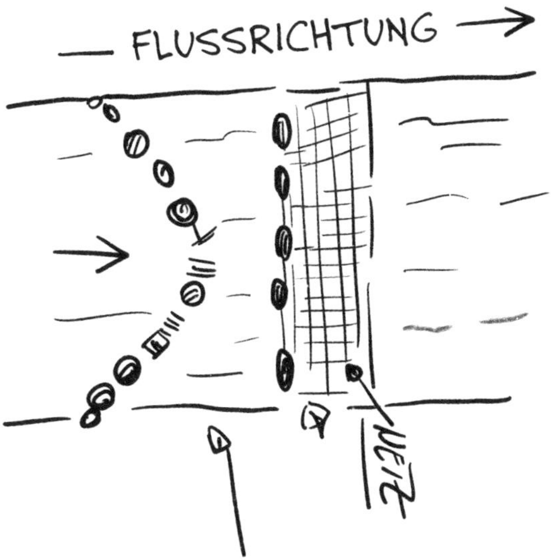

Fischen geht am effizientesten mit einem Netz. Du hast keins? Selbst schuld! Das Netz muss nicht groß, sollte aber engmaschig sein. Kommst du an einem Bach vorbei, in dem es Fische gibt, verschwende keine Zeit mit dem Bau einer Fischreuse, sondern spanne dein Netz einmal quer durch den Bach. Befestige es, sodass links, rechts sowie unten kein Fisch durchkommt. Stromaufwärts legts du große Steine V- beziehungsweis trichterförmig ins Wasser, siehe Zeichnung.

Die Fische schwimmen in die Trichteröffnung, aber kommen sehr schwer wieder raus. Meist versuchen sie ihr Heil in der Flucht nach vorn, das heißt stromabwärts. Dort aber ist das Netz.

Kurze Präzision. Eine gut funktionierende Fischreuse zu bauen ist ein aufwendiger Prozess. Dafür braucht es Geschick und Zeit. Und du brauchst einen Köder. Die oben beschriebene Fischbarriere braucht auch Zeit. Du benötigst aber keine Köder und die Erfolgschancen sind erfahrungsgemäß höher als bei der Reuse. Es darf kein allzu tiefer und breiter Bach sein. Drei Schritt breit und tief bis zur unteren Wade ist eine gute Dimension.

Vorsicht:

Es gibt bei uns in Europa keine gefährlichen oder gar giftigen Süßwasserfische, wie zum Beispiel anderswo den Zitteraal, den Candiru oder den Goliath-Tigerfisch. Welse jedoch besitzen scharfe, nadelartige Ausstülpungen an Rückenflossen und Barteln. Diese können schmerzhafte Stichwunden verursachen, die sich schnell entzünden. Natürlich brauche ich nicht extra erwähnen, dass es in europäischen Gewässern sehr wohl Welse gibt.

Trinkwasser aus Salzwasser gewinnen

Sehr oft kommt es vor, dass du vor Durst fast umkommst, aber nur Salzwasser zur Verfügung hast. Einige Methoden, wie du aus Salzwasser Trinkwasser machst, habe ich dir bereits in *Survival für Anfänger* beschrieben. Hier eine, die du sicherlich noch nicht kennst. Du brauchst dafür eine leere Wasserflasche (PET, 1,5 Liter) und eine leere Getränkedose. (Flaschen und Dosen finden sich überall dort im Gelände, wo es menschliche Präsenz gab oder gibt. Hab einfach den Reflex, sie aufzuheben und mitzunehmen.) Außerdem benötigst du ein Messer, etwas Holz oder einen anderen Brennstoff und deinen Feuerstarter. Und so geht's.

1. **Schneide den Boden der Flasche ab und biege etwa zwei bis drei Fingerbreit der unteren Plastikwand nach innen. Achte darauf, dass der Drehverschluss (Deckel) fest auf der Flasche bleibt!**
2. **Schneide den Deckel der Aludose ab, fülle die Dose mit Salzwasser und bringe das Ganze über einem kleinen diskreten Feuer zum Kochen.**
3. **Stelle jetzt die Dose neben dem Feuer auf den Boden. Stülpe die Flasche darüber und schau, was passiert.**

Kondenswasser steigt in der Flasche nach oben, rinnt an den Wänden wieder nach unten und wird von der Knicknaht (Plastikfalz) aufgefangen. Schraub den Deckel ab und trink! Mach das, so oft du kannst. Möglicherweise auch an drei oder vier verschiedenen Stellen (vorausgesetzt, du hast drei Flaschen und Dosen), denn es ist ja jeweils nur ein großer, aber eben lebenserhaltender Schluck.

Feuer machen während der Flucht? Eine Idee vorab: In *Survival für Anfänger* beschrieb ich, wie man Feuer bohrt. Und ja, es funktioniert. Aus Erfahrung kann ich euch aber sagen, dass es immer dann nicht klappt, wenn man es bitter notwendig hat. Stress, kalte Finger, Kälte, gepaart mit Feuchtigkeit und Pech, sind immer dann beim Rendezvous, wenn es dir sowieso schon scheiße geht. Muss ich mehr sagen? Ich denke nicht! Feuerbohren klappt meist nur auf YouTube, und dann auch nur, wenn die Sonne scheint, die Freaks ihr Ding drei Wochen vorher schon geübt haben und wenn die Konditionen bestens sind, weil man sich diese Bedingungen selbst künstlich geschaffen hat. Das reale Leben aber ist ein unberechenbarer Schlägertyp. Und der schlägt knallhart immer dann zu, wenn man am wenigsten damit rechnet. Mit dem Gedanken im Kopf, bist du vorgewarnt.

Hab im täglichen Leben immer ein Feuerzeug in der Hosentasche. Dabei ist es egal, ob du zum nächsten Supermarkt oder mit deinem sechsjährigen Sohn zum Kinderspielplatz um die Ecke unterwegs bist. Im Rucksack, egal welche Tour angesagt ist, finden sich stets der Feuerstarter und das Feuerzeug oder Streichhölzer. *Immer!* Und die packst du bitte noch vor dem Schlafsack oder dem MRE ein. Denk dran. Die Notwendigkeit, ein Feuer zu machen (und dabei unentdeckt zu bleiben), hängt von vielen Faktoren ab.

- In welchen Breiten bewege ich mich und wie sind die meteorologischen Bedingungen (Sommer, Winter, Kälte, Eis, Schnee, Regen)?
- Welche Mittel habe ich zur Verfügung, um ein Feuer zu starten?
- Wie lange dauert die Flucht? (kurze Dauer = Feuer kaum nötig)
- Sind Kräfte in der Nähe, die mir ans Leder wollen, werde ich verfolgt? (Feuer machen = entdeckt werden!)
- Bin ich nass geworden, ist mir kalt, muss ich dringend warme Nahrung oder warme Getränke zu mir nehmen oder gar Wasser durch Hitzeprozesse desinfizieren?

Das alles und viel mehr fällt in die Waagschale, wenn die Überlegung im Raum steht, Feuer machen – ja oder nein? Aber egal. Selbst in der geahnten Abwesenheit von eventuellen Verfolgern muss das Feuer die folgenden zwei Kriterien absolut erfüllen.

1. **Nach außen kaum sichtbar.**
2. **Wenig Rauch.**

Um diese zwei essenziellen Kriterien zu bedienen, gilt es, das Feuer quasi unsichtbar zu machen und einen Brennstoff zu verwenden, der wenig Rauch entwickelt. Um das Feuer unsichtbar zu machen, gibt es zwei Möglichkeiten. Entweder du bedienst ein normales Feuer und errichtest einen Sichtschutz drum herum oder du schaufelst ein Grubenfeuer Typ *Dakota-Feuer*.

Beide Optionen habe ich oft anwenden müssen, wobei ich die erste Variante inzwischen ablehne. Der Grund ist einfach. Du bist mit einem Sichtschutz immer in die Höhe ausgerichtet, also visuell exponiert. Man könnte dagegenhalten, dass du allein durch deinen Körper schon exponiert bist. Das ist richtig. Nur haben meine Erfahrungen gezeigt, dass es Situationen gibt, in denen du deinen aktuellen Standort kurzfristig und schnell verlassen musst, weil dir irgendwelche Leute zu nahe auf die Pelle rücken. Vielleich befindest du dich genau zu diesem Zeitpunkt einige Meter vom Feuer entfernt, kannst nicht zurück, weil man dich oder die Bewegung sehen würde. Die Vermutung liegt nahe, dass der Sichtschutz des Feuers gesehen wird. Du bist also entdeckt.

Beim Dakotafeuer besteht diese Gefahr kaum. In der Tat befindet sich hier der Feuerherd in einer Grube. Also der direkten Sicht entzogen. Die Flammen sieht man selbst aus kürzester Entfernung kaum. Auch ist die Rauchentwicklung beim Dakotafeuer zu vernachlässigen. Vor allem dann, wenn du sehr trockenes Holz verwendest.

Achtung ist beim Nachlegen des Brennstoffes geboten. Lege mit Bedacht und langsam nach. Also immer nur ein wenig. Holz ist meist dann trocken, wenn es sich um bereits abgestorbene Zweige und Äste handelt, die keine Bodennähe haben. Lege das Feuer direkt unter einem Baum an. Der dürftige, aufsteigende Rauch steigt nach oben und wird durch Zweige und Äste gleichmäßig verteilt, sodass er von Nah und Fern kaum zu sehen ist. Vorsicht Drohnen!

Der einzige Nachteil, den ich hierin sehe, sind die vielen Wurzeln. Meistens kam ich damit klar, sie mit meinem kurzen, scharfkantigen Spaten oder mit dem soliden Camillus einfach zu durchtrennen. Dann wäre da noch der Zeitfaktor. Ein Dakota- Grubenfeuer anzulegen braucht Zeit. Vor allem dann, wenn der Boden hart und steinig oder schlimmstenfalls hartgefroren, steinig und völlig mit dicken Wurzeln durchdrungen ist. Bevor wir ins Praktische übergehen, ein paar Tipps vorab.

- Wenn du dich von A nach B bewegst, und du kommst an Birken vorbei, nimm dir die Zeit und sammle etwas Rinde. Mach das auf eine Art und Weise, dass du am Baum selbst keine sichtbaren Spuren hinterlässt, was nicht schwierig ist, weil die äußere Rinde sehr trocken ist und sich wie eine Schlangenhaut vom Baum pflücken lässt. Birkenrinde enthält ätherische Öle und ist somit der ideale Brandbeschleuniger.

- Findest du trockenes Gras (Heu) oder trockene Blätter, stopf sie dir vorn in die Hosentasche. Ideal wäre es, all diese Kleinods in einem Plastiksäckchen zu horten. Ist der Zeitpunkt gekommen, ein Feuer zu machen, hast du es mit diesem trocknen Zunder eindeutig leichter, es anzubekommen.
- Auch beim Feuermachen gilt: Du musst es praktizieren. Wiederholen. Erfahrungen damit sammeln, um im Vertrauen zu sein.
- Du hast noch nie in deinem Leben ein Dakotafeuer gemacht? Gut! Auftrag: Geh am Wochenende raus und mach dich an die Arbeit.

Das Dakotafeuer-Prinzip

Im Abstand von etwa fünfzig Zentimeter zueinander werden zwei unterschiedlich große Gruben ausgehoben und mittels eines Tunnels untereinander verbunden. Über diesen Tunnel gelangt Luft (Sauerstoff) von der kleineren Grube hin zur größeren, in der das Feuer entfacht wird.

So legst du das Dakotafeuer an

Grabe zunächst die etwas größere Feuergrube. Folgende Dimensionen sind angeraten.

- Breite und Länge jeweils vierzig Zentimeter.
- Tiefe 45 Zentimeter.

Diese Zahlen sind eine Richtlinie. Mit etwas Praxis findest du deine idealen Maße selbst heraus. Jetzt gilt es, die kleine Grube anzulegen. Die Tiefe bleibt in etwa gleich, also 45 Zentimeter; Länge und Breite können geringer sein, dreißig auf dreißig Zentimeter dürften hier genügen. Dann stößt du so weit unten wie möglich zwischen den beiden Gruben einen Tunnel. Du verbindest sie also. Der Tunnel ist idealerweise so dick wie dein Unterarm. Um den Tunnel zu bohren, nimmst du am besten einen Stock oder einen angespitzten dicken Ast. Entfache in der größeren Grube dein Feuer und du wirst sehen, wie gut es fast ohne Rauch und mit relativ heller Flamme zu brennen beginnt.

Tipps am Rande

- Wenn du dich in Regionen aufhältst, in denen es nachts sehr kalt wird, mach dein Feuer tagsüber. So ist der Schein von Weitem nicht sichtbar. Achte dennoch darauf, nur trockenes Holz zu verwenden, damit der Rauch dich nicht verrät. Lass gegen Ende des Tages das Feuer runterbrennen, schiebe die Glut in eine Grube. Bedecke sie mit Erde und errichte darauf deine Schlafstelle. So hast du einen großen Teil der Nacht Wärme und kein Feuerschein verrät deine Präsenz. Fängt es an, kalt zu werden, brich das Biwak ab und marschiere los.
- Suche an einem Bach oder Fluss Steine. Wirf sie ins Feuer. Sie heizen sich auf. Wird es dunkel, lösche das Feuer und rolle die Steine in deine Unterkunft oder baue das Versteck genau darüber, wenn du es nicht schon getan hast.
- Für die Nacht im Biwak gilt: Hab die Augen geschlossen, beide Ohren aber gespitzt. Seid ihr zu zweit oder mehr, stellt eine Wache auf.
- Der Wachmann sollte nicht am Feuer sitzen und ins Feuer starren. Erstens ist er so ein leichtes Ziel, zweitens ist die Nachtsichtfähigkeit vorübergehend futsch. Um die Augen wieder an

die Dunkelheit zu gewöhnen, braucht es lange Minuten. Am besten ist, er sitzt oder steht abseits im Schatten.
- Ist es kalt, schlaf im Schlafsack. Regnet es, bau dir ein Schrägdach oder spanne dein Tarp. Achte darauf, nur Knoten zu verwenden, die sich binnen einer Sekunde mit einem Handgriff lösen lassen. Bist du in Feindesland, und Feindesland ist überall, dann lass Hose und Kampfstiefel an. Wasser oder Erde stehen bereit, um das Feuer schnell zu löschen. Wegen der starken Rauchentwicklung beim Löschen des Feuers mit Wasser bevorzuge Erde.

GESUNDHEIT UND HYGIENE

Selbst im Gelände und auf der Flucht muss Körperhygiene zu einer täglichen Routine werden. Wenn du kleine Wunden oder Verletzungen hast, behandle diese sofort, um Infektionen zu verhindern. Wann immer es geht, wasche sie mit klarem Wasser aus. Anstatt Seife kannst du weiße Asche, Sand oder lehmige Erde verwenden. Kämme auf täglicher Basis dein Haar und entferne Rückstände.

Spüle dir regelmäßig den Mund aus und putz dir die Zähne. Nimm dazu gerne auch einen Hartholzzweig als Zahnbürste. Denselben kannst du durch Kauen an einem Ende zahnbürstenförmig ausfransen. Wenn Zeit und Gelegenheit es hergeben, ziehe die inneren weißen Fäden aus einem Stück Paracord und verwende sie als Zahnseide.

Wenn es Anzeichen dafür gibt, dass du Würmer oder Darmparasiten hast, such nach Rainfarn (*Tanacetum vulgare* oder auch Wurmkraut). Mach einen Tee draus. Die Blätter der Wilden Möhre tun's auch.

Achte sehr auf die Gesundheit deiner Füße. Sie sind deine Lebensversicherung. Schneide die Nägel kurz, halte einmal täglich nach Verletzungen Ausschau und wasche sie jeden zweiten Tag. Bist du anfällig für durch Reibung entstehende Blasen, benutze Tape oder Pflaster um Fersen und Zehen.

Nimm Wasser zum Trinken nur von fließenden Gewässern. Wenn du kannst, behandle das Wasser mit Jod. Es gibt Jodtabletten, die man zu diesem Zweck direkt verunreinigtem Wasser zufügen kann. Oder koche es. Ist es stark verunreinigt, filtere es vor der Behandlung (Sand, Kies, Kohle, wie in *Survival für Anfänger* beschrieben). ACHTUNG: Pathogene werden durch das bloße Filtern nicht abgetötet. Wasser von lebenden Pflanzen kannst du bedenkenlos auch ohne vorherige Behandlung verwerten. Bewegst du dich in einem Desaster-Umfeld – Erdbeben, Hochwasser, Müll, Ratten auf den Straßen: Vorsicht, Cholera und Friends lassen grüßen!

Eine Geschichte dazu?

Im Jahr 1991 war ich mit meiner Einheit im Tschad. Zuerst in der Hauptstadt N'Djamena, dann in Abéché. Es gab zu der Zeit eine Cholera-Epidemie. Jeden Tag starben bis zu 45 Menschen. Wir mussten strenge Hygiene walten lassen (was bei uns sowieso immer der Fall war) und ich kann mich daran erinnern, dass uns ein Medikament verschrieben wurde, das wir oral einnehmen mussten. Also so eine Art Schluckimpfung. Das Zeug schmeckte wie Büffelsperma und fragt mich jetzt bitte nicht, woher ich weiß, wie Büffelsperma schmeckt.

Weitere wichtige Tipps:

- Willst du dich nur kurz ausruhen, nutze ein taktisches Biwak. Setze dich dazu auf deinen Rucksack, lehne dich an einen Baum. Ziehe den Poncho über oder wickle ihn ganz eng an deinen Körper. Sollte es sehr kalt sein, stell dir eine oder mehrere Kerzen unten rein. Mit dem Poncho und der Kerze zwischen den Füßen wird es sehr schnell warm. Seid ihr zu zweit, lehnt euch Rücken an Rücken, so habt ihr den 360-Grad-Fokus. Das taktische Biwak kann umständehalber auch tagsüber von Sonnenauf- bis Sonnenuntergang bezogen werden. Es erfordert kaum einen organisatorischen Aufwand, also so gut wie keine Vorbereitung. Wichtig ist nur, dass der Ort gut gewählt sein sollte. Beachte die von mit beschriebenen Prinzipien des Tarnens und des Täuschens.
- Wenn ihr zu zweit oder in der Gruppe unterwegs seid, lauft nicht neben-, sondern mit Abstand hintereinander. Die Gründe sind genannt.

- Wenn Menschen durch den Wald marschieren, verstummen die natürlichen Laute. Der Wald erwacht erst wieder zwanzig Minuten nach ihrem Verschwinden zum normalen Leben. Die Rede ist von den Tierlauten. Dies wissend, ist es angebracht, ab und zu für länger als zwanzig Minuten anzuhalten und regungslos in den Wald zu lauschen. Schaut dabei auf die Uhr. Wenn nach 25 Minuten der Wald nicht wieder zu euch spricht, ist die Chance, dass andere Menschen sich ganz in der Nähe aufhalten, sehr hoch.
- Stößt du unterwegs auf einen menschlichen Körper, offensichtlich tot, Vorsicht! Es könnte eine Falle sein. Nichtsdestotrotz ist es vorteilhaft, die Leiche zu untersuchen oder nachzuschauen, ob irgendwelche Papiere existieren, die Hinweise darüber geben, wer diese Person ist. Bevor du aber Hand anlegst, geh auf Nummer sicher. Binde ein mindestens zehn Meter langes Seil oder eine ebenso lange Paracord an einen Karabinerhaken und befestige Letzteren behutsam am Körper des Gefundenen.

  Was? Du hast keinen Karabinerhaken dabei? Und auch kein Seil oder zumindest ein paar Meter Paracord? Nicht dein Ernst! Schreib beides auf die Mitführliste fürs nächste Mal!

  Dann entferne dich mit dem Seilende, geh in Deckung und ziehe ein paar Mal rigoros, aber mindestens so stark, dass der Körper sich etwa fünfzig Zentimeter von der Stelle, an der er liegt, wegbewegt. Warte zwanzig Sekunden. Passiert nichts, Entwarnung! Bevor du jetzt den Körper des anderen untersuchst, zieh, wenn es geht, Handschuhe an. Beeil dich, denn es könnte sein, dass jemand nach diesem Menschen sucht. Nimm, was du brauchen kannst oder was dir nützlich scheint. Hat der Tote eine warme Mütze, du hingegen nicht, zögere nicht, sie einzustecken. Er braucht sie nicht mehr. Hat er ein Feuerzeug, deines funktioniert nicht, gleiches Spiel. Bevor du das jedoch machst, halte am Körper des Toten nach Anzeichen einer Infektionskrankheit Ausschau.[20] Wirst du fündig, Finger weg! Studiere aufmerksam vorhandene Wunden, setze dann deinen Weg fort. Unterwegs

---

20 Ungewöhnliche Flecken in Gesicht und auf den Handrücken. Verfärbungen der Haut. Falten trotz anzunehmenden jungen Alters.

stellst du dir bitte die Frage, was solche Wunden hervorgerufen haben könnte. Hier möchte ich Klarheit schaffen. Es geht nicht darum, sich persönlich zu bereichern. Es geht auch nicht um eine Art Leichenschändung. Vielmehr sicherst du mit diesem Vorgehen möglicherweise dein Überleben. Wenn du jetzt moralische Bedenken hast, lass dir sagen, sie sind fehl am Platz. Hast du dennoch Skrupel, dann denk dran, dass Überleben eine Challenge und kein Spiel ist. Diese Challenge kann brutale Züge annehmen. Es überlebt oft nur der, der keine Kompromisse eingeht. Wobei wir schon beim nächsten Thema und somit bei Kapitel zwei des Buches wären.

Überleben in der Stadt
(Töte oder stirb!)

Pass gut auf dich und deine Liebsten auf, denn die Nahkämpfer, die Schlitzer und die Messermänner sind unter uns. Ihre Aktionsfelder sind unsere Straßen. Dort sind sie zu jeder Stunde aktiv. Gib du ihnen Namen und Gesichter. Ich darf es nicht. Es ist nur eine Frage der Zeit, bis es dich oder einen deiner Liebsten erwischt. Seid wachsam!

Bevor ich ins nächste Kapitel starte, beantworte ich gerne die Frage, warum ich dasselbe mit dem Thema Messerkampf eröffne. Die Antwort kennt ihr alle. Weil es im Augenblick das ist, was besonders die deutschen Bürger am meisten beschäftigt. Es ist die Furcht, plötzlich einem Messermann gegenüberzustehen. Allein im Jahr 2024 gab es Statistiken zufolge etwa 29.000 polizeilich erfasste Fälle von Messerstechereien. So hat sich die Zahl der Messerangriffe im Vergleich zum Vorjahr um zehn Prozent gesteigert. Wo das alles hinführt, wissen wir nicht. Vermutlich ins Chaos. In die Anarchie.

Messerangriff. Messerverteidigung

Frage vorab: Kannst du dich daran erinnern, wann du zum letzten Mal deine geballte Entschlossenheit demonstrieren musstest? Die Rede ist nicht vom lauen Lüftchen, sondern vom Sturm, von der männlichen Urgewalt, die da heißt: du oder ich? Die Rede ist von der Konfrontation mit einem Messermann. Mit einem Schlitzer. Oder zumindest mit dem, der dich brutal und unverhofft mit irgendeiner Waffe oder gar bloßen Fäusten angreift. Bist du solchen Situationen immer ausgewichen? Bist du abgehauen? Na los, sag schon! Schweigen?

Gut. Dann rede ich eben. Du wirst nie erfahren, wie du in gewissen Situationen reagieren würdest, wenn du niemals in diesen Situationen warst. Aber ich kann dich beruhigen, deinem Gegenüber geht es vermutlich genauso, egal wie entschlossen er auf dich wirkt. Es gibt viele Männer, die da denken, sie seien die tödlichsten Kreaturen auf der Erde. So was wie Rambo oder Chuck Norris. In der absoluten Realität werden genau diese Männer oft Opfer ihrer eigenen Illusion. Warum? Weil da plötzlich jemand vor ihnen stehen könnte, ein echter Gegner, der sie unversehens eines Besseren belehrt. Weiterhin gibt es viele Menschen, die, wenn sie allein kämpfen müssen, sehr zurückhaltend und eingeschüchtert wirken. In der Horde markieren sie den starken Macker oder das unbesiegbare Alphatier, ganz nach dem Motto *mehr Schein als Sein* (Thomas Gast würde den Begriff Luftpumpe benutzen). Solo kämpfen zu müssen bedeutet für sie *Einstellen* oder *Übungsende*! Diese Alphatiere – und das wäre die erste und gleichzeitig hervorstechendste Eigenschaft dieser Herren – genießen die uneingeschränkte Unterstützung ihrer hinter ihnen stehenden Buddys. Sie schöpfen ihre Kraft aus den aufmunternden Stimmen in ihrem Rücken. Sie haben Ort und Zeit gewählt, sind vorbereitet und niemals allein.

Tipp am Rande:

Nimm ihnen die Buddys und den Support und das Überraschungsmoment weg und aus den Alphatieren werden Lämmer!

Die zweite Eigenschaft dieser starken Männer ist dieses *Wie-weit-kann-ich-bei- diesem-Typen-der-mir-da-gegenübersteht-eigentlich-gehen-*Denken. Hältst du sofort resolut dagegen, am besten so einfallsreich und brutal, dass dem andren schwindlig wird; dann demontiert sich dieses Alphatier meist von selbst. Aus Rambo wird vor deinen Augen die bereits erwähnte Luftpumpe. Oder aber er wird dermaßen aggressiv, dass er den Tunnelblick und Schaum vorm Mund bekommt und in seiner Wut das Wesentliche übersieht. Nämlich, dass ein Mann im Kampf meist dann Fehler macht, wenn er wütend und voller Hass ist.

Die dritte markante Eigenschaft ist, dass das Alphamännchen plötzlich vom physischen Bedrohungsszenario übergeht zur deeskalierenden

Konversation. Es demontiert sich direkt unter deinen Augen. Das macht es immer dann, wenn es begreift, dass es mehr vom Stück abgebissen hat, als es schlucken und verdauen kann. Solche Männer suchen sich immer schwache Opfer. Auch deshalb: Sollte sich vor dir plötzlich ein Messermann zeigen, und sich die Situation noch in den Anfängen (Angriff noch nicht stattgefunden, gegenseitiges Abtasten) befinden, bleib ruhig. Rede mit selbstsicherer Stimme. Zeig dich als jemand, der seine Stärken kennt. Sollte das nicht funktionieren, nimm den Kampf *nicht* an. Nimm den Kampf *nur* zu deinen Bedingungen an. Die sind dann gegeben, wenn du es bist, der Ort, Zeit (und eventuell Bewaffnung) aussucht.

Ich halte wenig vom Einstudieren gewisser Techniken, die darauf abzielen, einem Messerangreifer das Messer abzunehmen, um dann die Klinge gegen ihn zu führen. Das spiegelt nicht die Realität wider. Das sieht man auch meist nur in bescheidenen Hollywoodfilmen. Besser ist, du vergisst alle gelernten Techniken und hast deinen Kopf frei für das, was tatsächlich gerade vor deinen Augen passiert. Dein ganzes Bewusstsein muss frei sein für die Flucht oder für einen geladenen, mit aller Härte geführten Gegenangriff. Wie ein Verrückter Dutzende von Abwehrtechniken einzustudieren sollte ein theoretisches Spektrum bleiben. Es impliziert in der absoluten Realität, dass dein potenzieller Gegner auch tatsächlich Angriffe vorträgt, die dir geläufig sind, damit du laut Plan parieren oder reagieren kannst. Es geschieht aber höchst selten, dass im Kampf jemand auf deine Wünsche eingeht. Das wäre ein feuchter Traum. Deiner nämlich.

Was?! Der Gegner bewegt sich nicht, wie ich es vorhersehe? Scheiße aber auch!

Solltest du also trainieren, dann brich die Techniken auf ein Minimum herunter. Halte sie einfach. Trainiere nie allein, sondern immer mit einem Partner. Und bitte nicht immer mit demselben. Je mehr und unterschiedliche Sparringspartner du hast, desto besser. Trainiert *Vollkontakt* mit einem Dummy-Messer. Oder mit einer Dummy-Machete oder -Axt, was ja auch gerade in Mode ist. Tragt Schutzkleidung. Während der Trainingseinheiten wird man sich immer etwas zurückhalten oder bremsen, um den anderen nicht zu verletzen. Habe aber immer im Kopf, dass es in der Realität keine Zurückhaltung gibt.

Kleiner Tipp von mir:

Wenn der Messerkämpfer eine Position einnimmt, in der die messerführende Hand eng an seinem Körper und weit hinter der unbewaffneten Hand liegt, greif ihn niemals an. Vor dir steht mit Sicherheit ein Profi!

Auf unsren Straßen laufen Verrückte rum, und so kommt es nicht selten vor, dass Soldaten oder Ordnungshüter (oder einfache Zivilisten) irgendwann in einen Messerkampf verstrickt werden. Warum in einen Messerkampf? Weil das Messer die Wumme des armen Mannes ist. Klingen sind das Hauptkampfmittel der *bösen Jungs*. Sie wissen genau, dass blanke Klingen uns Angst einflößen.

Stell dir vor, du bist so ein Ordnungshüter oder schlimmer noch: ein einfacher Zivilist, der sich plötzlich Nase an Nase mit so einem Messerstecher wiederfindet. Wenn du Glück hast, triffst du auf einen Demenzkranken, der unbedacht mit blankem Stahl vor deiner Nase rumfuchtelt. Im schlimmsten Fall steht dir ein ausgebildeter Messerkämpfer aus einer Unterweltgang gegenüber. Als Ottonormalverbraucher magst du diese Vorstellung nicht, richtig? Lieber würdest du einem Feind gegenüberstehen, der mit einem Knüppel, einem Schlagstock oder einer Pistole bewaffnet ist. In diesem Gedanken bin ich voll bei dir. Warum? Das ist einfach zu erklären.

Es ist unsere Abneigung gegen scharfe Klingen.

Ein gezücktes Messer zerstört unser Selbstvertrauen. Dazu kommt noch das Phänomen, dass ein Messerangriff meist unerwartet kommt. Du hast null Zeit, dich darauf einzustellen. Das Problem an der Sache ist, dass wir uns weder unsere Gegner noch die von ihnen zum Einsatz kommenden Waffen noch den Zeitpunkt der Konfrontation aussuchen können. Vor einer erfolgreichen Messerabwehr, die durch Entwaffnung, Unterwerfung oder Neutralisierung abgeschlossen werden sollte, ist es notwendig, die wichtigsten Methoden des Messerangriffs zu verstehen und sie im Hirn zu speichern. Wenn du weißt, auf welche

Art und Weise das Messer gegen dich eingesetzt wird, kannst du dem Angriff effizienter begegnen. Hier möchte ich aber noch mal eindringlich davor warnen, den Kampf mit einem Messermann aufzunehmen, wenn Zeit und Lücke für die Flucht bleiben. Kämpfen ist nur angesagt, wenn nicht kämpfen tödlich enden kann.

Zwei Angreifertypen. Vorgehensweisen oder Methoden

Da hast du zunächst den Profi. In der Regel trägt er alle Arten von Angriffen blitzschnell vor. Schneidend, schlitzend, Aufwärts- oder Abwärtsstoß. Dann gibt es den weniger geschulten Angreifer. Er wird das Messer eher wie eine Rasierklinge führen und nur die schneidende Wirkung der Klinge nutzen. Beide Typen sind brandgefährlich. Vom Mann, der sich im Messerkampf auskennt, werden die Angriffe schnell und brutal vorgetragen. Er hat das oft gemacht. Mit Erfolg. Er kennt sich aus. Am Leben zu bleiben und dir im Gegenzug kaum eine Chance zum Überleben zu geben ist sein einziges Bestreben. Er möchte dich am Boden sehen. Und wenn du am Boden liegst, macht er dich fertig, so einfach ist das. So einem Mann kannst und darfst du nicht mit Naivität begegnen. Naiv wäre es, den Kampf anzunehmen, wenn du selbst unbewaffnet bist. Aber auch bewaffnet kommst du nicht sauber aus der Affäre raus, wenn du nicht Besseres zu bieten hast als ebenfalls *nur* eine blanke Klinge.

Die zwei wertvollsten Tipps, die es zu beachten gibt, solltest du je einem Messermann gegenüberstehen

Tipp Nummer eins: Handle schnell, schaffe Distanz, bringe Hindernisse zwischen dich und den Angreifer und beherzige Tipp Nummer zwei, der da heißt: Mach dich vom Acker, so schnell deine Füße dich tragen. Wenn du deine Lieben verteidigen musst, kämpfe gegebenenfalls wie ein Löwe, scheue den Anblick (und den Geruch) deines eigenen Blutes nicht, und bereite dich auf Schmerzen vor. Ohne Verletzungen aus dem Messerkampf herauszukommen ist eine Illusion. Ich meine es ernst. Es gibt zu diesem Thema nichts mehr zu sagen.

Du oder der Andere

Traurig ist die Tatsache, dass es in Zeiten, in denen alles in Ordnung ist, noch unwahrscheinlich viele Menschen gibt, die zu allem, auch zu den schlimmsten Gewalttaten fähig sind, dass aber die meisten der anderen, die friedlichen Menschen, das nicht glauben. Sie glauben nicht, dass der Spezies Mensch in Zeiten der Unvernunft jede Hemmung verliert – auch die Tötungshemmung. In diesen bösen Menschen öffnen sich seelische Abgründe, die sie weit unter die Stufe eines jeden Tieres stellen. Sie laben sich am Unglück anderer, stellen sich nach ihren Schandtaten brutalster Art verwundert die Frage: *War das wirklich ich, der sie begangen hat?*

Kameraden, ich habe das oft genauso erlebt. Es ist schwer für einen Normalo (wie du einer bist?) zu realisieren, dass er womöglich, nein, ganz sicher sogar, Seite an Seite mit Menschen lebt, die eben gar nicht so normal sind, wie sie es vorgeben zu sein. Und viele von denen, die eben nicht normal sind, scheißen sich einen Dreck um dein Leben. Sie sind skrupellos. Es ist ihnen egal, ob du, deine Frau oder deine Kinder leiden. Sie machen alles, damit es ihnen selbst gut geht. Dafür brechen sie ein und brennen nieder. Dafür töten sie. Dafür vergewaltigen sie. Für ihren seelischen und körperlichen Komfort. Für die Flasche Schnaps in deinem Keller bringen sie dich um. Oder eben für die drei Kilo Kartoffeln in eurer Küche. Mit so etwas wie Skrupel oder gar mit Werten wie Moral und Anstand brauchst du denen gar nicht erst zu kommen. Sie machen, was ihnen gerade in den Kram passt. Wirst du mit solchen Typen konfrontiert, musst du dich auf ihr Niveau herab begeben, sonst wirst du den Tag nicht überleben. Nur solltest du auf dieser Ebene dann einen Tick besser sein.

Es gibt es sehr viele Männer die, in Uniform oder nicht, dem Waffengang frönen. Das fängt schon damit an, dass sie Messer, Macheten, Armbrüste, Bögen oder einfache Pistolen zur Schau stellen. Mit ihnen posieren. Meine Erfahrung geht in die Richtung, dass über neunzig Prozent dieser Männer mental nicht gefestigt genug sind, diese Waffen im Angesicht einer tödlichen Bedrohung auch effizient zu benutzen. Selbst schuld, würde ich sagen. Aber der Gegner hat eben auch

Messer, Macheten, Armbrüste, Bögen oder einfache Pistolen, und die sind immer dann absolut tödlich, wenn sie von jemandem benutzt werden, der eben keine Skrupel hat. Ausnahmen bestätigen diese Regel umso mehr.

Eine Waffe aus nächster Nähe gegen einen Menschen einzusetzen ist mit starken Emotionen verbunden. Es ist dann oft so, als würdest du selbst den Schmerz spüren, den du dem anderen zufügst. Ich verstehe das. Ich weiß das! Je näher du deinem potenziellen Gegner gegenüberstehst, desto PTBS-verdächtiger wird die ganze Sache im Nachhinein. Es ist eine Sache, aus größerer Entfernung auf jemanden zu schießen, ihm dabei nicht in die Augen sehen zu müssen. Und es ist eine ganz andere Sache, in einen Quasi-Nahkampf einzusteigen. Es könnten also Situationen entstehen, in denen du einem Gegner auf Armlänge gegenüberstehst. Reingehen in die Aktion, wenn du das Weiße der Augen des Gegenübers siehst? Davor haben viele Männer am meisten Angst. Aber auch hier gilt immer: *Ich oder er!*

Bekommst du weiche Knie, hast du fertig. Um nun nicht in eine Schockstarre zu verfallen, beziehungsweise um im Bruchteil einer oder zweier Sekunden wieder aus dieser Schockstarre rauszukommen, gibt es im Vorfeld der Vorbereitung nur ein adäquates Mittel: Üben, üben, üben! Und nein, die Rede ist nicht davon, dass du alle möglichen Szenarien so oft wie möglich durchspielst. Vielmehr möchte ich von dir, dass du dir ganz einfach jeden Tag deines Lebens mehrmals in Erinnerung rufst, dass dein Leben einmalig ist und dass es eine immense Verschwendung wäre, wenn du es vorzeitig aufgibst. Deine mentale positive Einstellung zum Leben – darauf kommt es an. Nicht auf die ein oder andere, tausend Mal geübte Technik, die dann doch nicht hinhaut, weil du nicht bereit bist, deinem Hirn grünes Licht für maximale brutale Gegengewalt abzuverlangen. Also noch mal: Kämpfe, als gäbe es kein Morgen, oder flüchte so schnell es geht! Hast du dann auch noch ein Quäntchen Glück: Bingo! Du musst davon überzeugt sein, dass du dein Leben lässt, wenn du nicht sofort effizient und mit aller Entschlossenheit und Härte handelst.

Eine wichtige Anmerkung dazu hätte ich noch. Etwas weiter oben im Text hatte ich Folgendes geschrieben: *Aus Erfahrung kann ich sagen, dass ständiges Üben, ständiger Drill und wiederholte Manöver nicht immer mit der Realität vereinbar sind.* Und genau hier lauert die Gefahr. Sollte dem Gegner nämlich einfallen, sich ganz anders zu verhalten, als du es in deiner Vorstellung einstudiert hast, wird er dich kriegen. Weil du darauf nicht vorbereitet bist. Und weil du auf diese andere Variante der Bedrohung gerade keine Antwort hast. Du zögerst eine Sekunde, weil du umdenken oder überlegen musst, und peng! Scheiße gelaufen, würde ich wieder mal sagen.

Allgemeinheiten

Manche Menschen haben Schwierigkeiten, in einer Umgebung zurechtzukommen, in der Ereignisse und Gegebenheiten unklar, unübersichtlich und möglicherweise gefährlich sind. Die einzige Sicherheit, die sie wahrnehmen, ist die, dass eben nichts sicher oder gar garantiert ist. Auch ist es für sie stressig, mit begrenzten Informationen inmitten einer Umgebung zu leben, in der sie nur begrenzt irgendeine Art von Kontrolle ausüben können. Unsicherheit und mangelnde Kontrolle erhöhten immer schon den psychischen Stress. Stress ist auf Dauer ein Killer. Man wird krank. Nervös. Unberechenbar. Um aber zu bestehen, brauchen wir klare Gedanken, starke Nerven in einem gesunden Körper. Und wir benötigen eine gesunde Portion Angst. Angst kann dem Widerstand auf die Sprünge helfen. Schäme dich also nicht vor deiner Angst, sondern kultiviere sie. Und wir benötigen auch Mut.

Angst. Mut? Klingt paradox! Was jetzt?

Angst kann dir tatsächlich das Leben retten. In bürgerkriegsähnlichen Situationen gibt es Momente, in denen mutig sein und Widerstand bieten gleichsam bedeutet, zerstört zu werden. Tote Helden, lass dir sagen, hat die Welt bereits für hundert weitere Generationen. Ich sehe zerstörte Felder mit verstörten Helden, unter Kreuzen aus im Feuer der Wut und des Hasses gehärteter Eiche liegend. Bist du in gewissen Situationen mutig, mag es das letzte Mal gewesen sein. Du schließt die Augen für immer, oder ein Lebender macht das an deiner Stelle. In den Straßen der Gewalt, so lass dir sagen, wird mit allen Mitteln gekämpft.

Vor allem aber mit Hardware, mit Waffen also, die das Töten zum alleinigen Ziel haben.

Machen wir beim Stichwort Waffen kurz Halt

Jeder, oder zumindest die meisten von uns, tragen einen Kugelschreiber am Mann. Tipp. Verzichte auf Plastikkugelschreiber und besorg dir ein etwas teureres Modell mit einem Eisen- oder Stahlkörper. Das Ding ist als Waffe bestens geeignet.

Wissen. Mittels Survivalismus (auch Prepping genannt) kannst du an praktisches Wissen gelangen. Prepping ist die Kunst, zu überleben. Prepper bilden sich in allen möglichen Dingen aus, zum Beispiel:

- Verhalten bei Notfällen und Desaster allgemein.
- Notfallnahrung.
- Ausarbeiten komplexer Notfallpläne.
- Schießen mit Handfeuerwaffen.
- Selbstverteidigung (close combat oder corps à corps, auf Deutsch: Nahkampf).
- Erste Hilfe.

Einige nehmen gar an paramilitärischen Überlebenskursen teil oder geben selbst Kurse. Das tun sie aber nicht etwa aus Liebe zur Gewalt und zum Chaos, sondern um sich und andre vor Auswirkungen, hervorgerufen durch schlecht angewandte Politik unfähiger Politiker, zu schützen. Das daraus resultierende Chaos scheint ihnen unausweichlich, deswegen bereiten sie sich (wir uns) vor.

Survivalismus ist Teil einer Beziehung zwischen Angst und Krise. Das Problem hierbei ist, dass Survivalismus die Angst nicht etwa heilt oder gar verschwinden lässt. Im Gegenteil. Er nährt die Angst. Die Angst vor einer Pandemie zum Beispiel. Vor einer ökologischen oder wirtschaftlichen Krise. Die Angst vor einem Krieg! Prepper sind also ständig im imaginären Kampfmodus. Sie tun gut daran und werden, so fürchte ich, all ihr Wissen bald brauchen. Letztendlich spielt es keine Rolle, wie kommende Krisen aussehen werden. Wichtig zu wissen ist, dass sie durchaus so schwerwiegend sein können, dass sie den Staat in den Bankrott und die Menschen mit krimineller Energie auf die Straßen und in unsere Wohnungen und Häuser treiben.

Wie bereits erwähnt, grassiert die Angst vor einem Krieg. Sie klopft bereits mit ihren knochigen Fingern an unsre Türen. Deutschland bereitet sich vor, will für ein Millionenbudget Bunker bauen lassen. Das braucht es auch, denn von den einst rund 2.000 Bunkerstandorten aus der Zeit des Kalten Krieges sind aktuell nur 580 nutzbar. Dies entspräche einer Gesamtkapazität von 480.000 Betten, würde aber nur etwa 0,6 % der Bevölkerung zugutekommen. Für die Modernisierung der alten Bunker werden über den Zeitraum von vier Jahren mehr als 10 Milliarden Euro an Kosten veranschlagt. Auch werden die deutschen Bürger vom Bundesamt für Bevölkerungsschutz heute schon dringend gebeten, sich einen Notvorrat an Wasser und Nahrungsmitteln für mindestens 72 Stunden (idealerweise zehn Tage) anzulegen. Selbst wenn es den meisten von uns gelingen wird, für ein paar Tage völlig autonom in unsren Wohnungen oder in irgendwelchen Bunkern auszuharren, würde es im Krisenfall auf längere Sicht Engpässe geben. Wenn ich *auf längere Sicht* sage, dann meine ich innerhalb von maximal zwei Wochen. Und dann: Gnade uns Gott!

No water. No food. No medics! Keine Sicherheit!

Ich gehe davon aus, dass das situationsbedingte Chaos eben noch anständige Menschen in Monster verwandelt. Ich bin diesen Monstern auf zwei Beinen im umzingelten Sarajevo in den Kriegsjahren 1992–1993 begegnet. Die Eliten (wer auch immer sich dazu zählt) bilden sich ein, sie hätten alleinigen Zugang zu sicheren Bunkern für sich und ihre Familien. Diese Annahme ist meines Erachtens falsch. Ich denke, dass der normale Bürger das nicht zulassen wird. Wenn es bitterböse kracht, herrschen die Gesetze der einfachen Menschen auf der Straße. Das ist der absoluten numerischen Überlegenheit und deren Wut geschuldet. Die Bastionen der Reichen und Schönen, so sehe ich es voraus, werden gestürmt, lange bevor aus dem heftigen Wind ein Orkan wird.

Blackout Konkret

Im Buch *Urban Survival* kam die Sprache auf den Blackout. Aus verständlichen Gründen werde ich mich nun nicht groß damit aufhalten, ausgiebig zu erklären, was genau ein Blackout ist, wie er zustande kommt und was das Ereignis alles so nach sich zieht. Aber es schickt sich an dieser Stelle, einige Ergänzungen dazu in den Fokus zu rücken.

Wo immer ein Blackout für längere Zeit Einzug hält, fehlen Sicherheit, Wärme und Licht. Das Thema Sicherheit wird im Anschluss noch explizit angegangen. Zu Wärme und Licht nur so viel. Im Sommer, kein Problem. Im Winter hingegen, wenn die Menschen frieren und kaum an ihre tägliche Dosis Vitamin D kommen, davon ausgehend, dass das Leben sich hauptsächlich drinnen abspielen wird, werden viele von ihnen zu Tieren, zu wahren Bestien. Um einem wilden Tier auf Augenhöhe zu begegnen, musst du selbst zur Bestie werden. Doch die Rede ist hier weniger von Reißzähnen, heimtückischen Angriffen aus dem Hinterhalt und vom Verzehren der Opfer, solange dieselben noch am Leben sind. Nein! Wir reden von List und Hinterlist. Und davon, sich Wissen anzueignen und dieses Wissen skrupellos für sich und seine eigenen Zwecke anzuwenden. Ich biete euch mehrere Szenarien an.

DEUTSCHLAND – Ich sehe es voraus. Du wohnst in einer größeren Stadt in einem Hochhaus meinetwegen in der dritten Etage. Das Haus hat fünfunddreißig Parteien. Es kommt zum Blackout. Die Gründe sind vorerst noch unbekannt. Sicher handelt es sich wieder um einen Cyberangriff der bösen Russen. Spaß beiseite!

Wie all die andren Menschen denkst du: *Okay, das ist ein normaler Stromausfall.* Doch der Strom kommt nicht mehr. Kein Strom bedeutet keine Toilette, weil die Toilettenspülungen (Ausnahmen bestätigen die Regel) mit strombetriebenen Pumpen arbeiten. Nach sechs Stunden Pipi und Kacka stinkt die ganze Bude. Nicht nur deine, sondern alle Buden auf der Etage. Was sage ich? Das ganze verdammte Hochhaus stinkt! Erster Reflex? Genau. Du nimmst Wasser aus Flaschen, um runterzuspülen. Was passiert? Zwölf Stunden später hast du kein Trinkwasser mehr, weil auch aus dem Hahn nur noch heiße Luft, aber längst kein Wasser mehr kommt.

Wir haben zeitlich bereits eine Phase erreicht, in der die meisten Handys nicht mehr funktionstüchtig sind. Internet ist futsch, die Tankstellen haben geschlossen (du weißt schon, die Sache mit den elektrisch betriebenen Pumpen) und die Supermärkte sind dicht. Zum Gestank gesellen sich allmählich Hunger, Durst und zum ersten Mal so etwas wie Angst. Natürlich gehörst du zu den Menschen, die es gewohnt sind, jeden Tag einkaufen zu gehen. Und so reichen deine Vorräte höchstens für drei Tage, wenn überhaupt.

Junge, lass dir gegebenenfalls sagen, du watest gerade bis zu den Knien in der Scheiße!

Stichwort Toilette

Du lebst im Desaster möglicherweise in einer kleinen Wohnung. Vielleicht gar in einem Hochhaus. Kein Strom. Kein Wasser. Du hast es aber irgendwie geschafft, eine Lösung für den Gang zur Toilette zu finden. Du bist somit ein kleiner König unter vielen armen Schweinen. Auch wenn du niemandem gegenüber etwas verlauten lässt, spricht sich das herum. Was passieren wird? Nun, sie werden einer nach dem anderen an deiner Türe klopfen.

Wir haben gehört, bei Ihnen kann man kacken, draußen ist das im Moment zu gefährlich und bei uns und den andren geht das nicht. Dürfen wir ...?

Tipp von mir. Schick die Leute buchstäblich scheißen. Aber woanders. Ausnahme: Eine Bitte ist mehr als dringend und du bist bewaffnet.

Gerne, der Herr. Die Toilette ist geradeaus, erste links. Sie dürfen sie benutzen, der volle Eimer steht unter dem Waschbecken. Eine Bedingung. Die Tür bleibt offen. Ich schau Ihnen so lange zu, bis Sie fertig sind. Danach gehen Sie bitte wieder. Sie haben zwei Minuten, Zeit läuft!

Paranoia? Nein! Der Herr oder die Dame könnten ihrerseits eine Waffe am Mann haben. Oder sie sind im Besitz einer Mikrokamera oder einer Wanze, kleine Gadgets also, die er oder sie gerne bei dir vergessen.

Denk nach. Wir befinden uns in der Zeit der überaus hohen Kriminalität. Nichts ist wie üblich, alles kann jederzeit passieren. Und glaub mir, dieses Alles hat viele böse Gesichter, du hingegen nur ein Leben. Das mit der Toilette war nur ein Beispiel. Vielleicht bist du der, der viel Mehl hat. Oder Schnaps. Vielleicht Tabak?

Ein Blick auf die Straßen drei Etagen tiefer genügt, dir zu sagen, dass die Müllabfuhr heute nicht da war und dass sie auch in naher Zukunft nicht kommen wird. Der inzwischen auch auf den Straßen vorherrschende Gestank zieht Ratten an. Ratten bedeuten Krankheiten. Krankheiten verbinden wir mit Schmerzen und Medikamenten, mit Ärzten, Krankenhäusern, Ambulanzen und Apotheken, doch nichts ... *nichts* hat offen, ist frei zugänglich oder funktioniert so, wie du es gewohnt bist.

Wenn nichts funktioniert wie gewohnt, kriechen (vor allem nachts) die andren Ratten aus den Löchern. Du weißt schon, die zweibeinigen.

Es gibt keine künstliche Beleuchtung. Nur Scheinwerferlichter sind noch hier und da zu sehen, ein Feuer, Fackeln und Kerzenlichter, ansonsten nur vorbeihuschende dunkle, schräge Gestalten. Schüsse! Schreie! Gebrüll!

Deshalb jetzt konkret: Was solltest du machen, wenn es von heute auf morgen einen Blackout gibt? Was kannst du bereits im Vorfeld tun, wie die Auswirkungen desselben mindern?

Geh nach den Vierpunkte-Prioritäten-System vor

- Wasser.
- Verteidigung und Sicherheit.
- Nahrung.
- Gesundheit.

Unter jedem dieser Punkte gibt es kleinere Unterpunkte, die wichtig sind. Andere Dinge sind von minderer Priorität und haben Zeit. Bevor ich zu diesen Unterpunkten komme, gehe ich kurz auf das gefallene

Stichwort *nachts* ein. Es gibt eine schwammige Zeit. Man nenne sie Zeit der Wölfe. Das ist zwischen 03h00 und 04h30 morgens. Wenn Einbrecher sich eine Zeit für ihre Aktionen aussuchen, dann ist es die Zeit zwischen 03h00 und 04h30. Sind die Ganoven vom Profilager, wirst du sie nicht kommen hören. Hier zwei gutgemeinte Tipps.

- Besorg dir einen Hund. Aber bitte keinen harmlosen Kläffer, sondern einen, der böse Jungs rein, sie aber nie wieder rauslässt. Wie wäre es mit einem Rottweiler oder einem Belgischen Schäferhund? Vor einem großen Hund haben die meisten Banditen den Schiss ihres Lebens. Glaub mir.
- Stell deinen Wecker jeden Morgen auf 03h00. Steh auf und dreh eine Runde. Nimm zur Hand, was unter deinem Bett liegt. Ist es wie bei mir eine 12 Gauge Action-Pump-Gun Typ SPAS-12, sehr schön. Und wieder der Verweis auf bestehende Gesetze, die du peinlich genau einhältst, denn du möchtest ja schließlich keine Probleme mit der Justiz, nicht wahr? Wir verstehen uns blind!

  Sei nicht explizit leise, wenn du deine Runde drehst, also schleiche nicht. Mach ruhig etwas Krach. Nimm den Hund mit. Die Burschen wissen dann, dass da jemand ist, der wacht. Aus lauter Frust besuchen sie den Nachbarn, lassen euch zukünftig in Ruhe.

Eine legitime Reflexion am Rande.

Der Staat hat die Menschen hardcore entwaffnet. Ich rede vom Besitz und von der Anwendung von Waffen, insbesondere von legalen Waffen. Wenn Menschen sich ängstlich Fragen stellen wie ...

Wenn ich einen Einbrecher, der mich bedroht, mit CS-Gas oder Pfefferspray begegne, muss ich dann hintenraus mit rechtlichen Konsequenzen rechnen?

... dann, lieber Freund, ist nichts, wie es sein soll.

Vorab schon mal Folgendes, doch das gilt nur für mich persönlich. Sollte mir so etwas passieren (Einbrecher, Waffe im Spiel, werde bedroht, sich mir öffnende Chance), werde ich den Aggressor gnadenlos neutralisieren – oder es zumindest versuchen – und mir Fragen zur Legitimität erst stellen, wenn die Gefahr gebannt ist, Punkt. Ich stehe hinterher auch meinen Mann und bitte um ernsthafte, juristische Konsequenzen. Es ginge immerhin um Leben oder Tod, und mir wäre der Einsatz aller Mittel recht, um am Leben zu bleiben, weiß ich doch nicht, was der oder die Typen wirklich im Schilde führen. Die Gesetzgebung zu diesem Thema ist bei uns nicht sehr ermutigend. Ich persönlich bevorzuge bei Weitem das amerikanische System, das da ungefähr sagt: *Du dringst mit Gewalt und bewaffnet in ein dir fremdes Haus ein. Du musst damit rechnen, dass der Eigentümer (vielleicht ein Ex-Navy-SEAL oder Ex-Fremdenlegionär) dir auflauert und dich beim Akt der Selbstverteidigung verletzen oder gar töten kann.*

Natürlich ist in Sachen Selbstverteidigung immer Vorsicht geboten. Du musst dir deiner Sache sicher sein. Hier ein kleines Negativbeispiel zum Nachdenken, aber auch als Warnung.

Ender der 70er Jahre gab es in meiner Heimatstadt Bayreuth eine Diskothek namens Old-Baily. Der Besitzer war Andreas Meier[21]. Obwohl ich damals noch sehr jung war, kannte ich Andreas sehr gut. Wir haben uns des Öfteren in der Disco miteinander unterhalten. Und so wusste ich auch, dass er den schwarzen Gürtel in Karate hatte. Andreas war eine sehr eindrucksvolle Erscheinung, etwa 1,90 Meter groß, einhundert Kilo schwer, sehr kräftig. Angst war ihm ein Fremdwort. Genau dieses Fehlen von Angst wurde ihm zum Verhängnis, als zwei desertierte Fremdenlegionäre (vom 2. REP) in Korsika in seine Villa eindrangen. Andreas griff die beiden an, diese schossen sofort. Andreas Meier erlag seinen Verletzungen. Das Schicksal wollte, dass ich selbst ein paar Jahre später genau in dieses Regiment abkommandiert wurde. Erst dort erfuhr ich von dem Vorfall. Und ich verurteile ihn aufs Allerschärfste. Doch zurück zur eigentlichen Tat. Was genau in der Villa vorgefallen ist, habe ich nie wirklich erfahren. Aber es scheint so, als wollte Andreas Meier seine Familie verteidigen, immerhin hatte er Frau und Kinder dabei. Wie kann uns seine Geschichte weiterhelfen? Das ist mit vier Worten einfach zu erklären.

[21] Name zum Schutz der Privatsphäre geändert.

SPIEL NICHT DEN HELDEN!

Was ich in einer solchen oder in einer ähnlichen Situation tun würde, habe ich erwähnt. Doch das betrifft nur mich und sollte dir kein Vorbild sein. Ohne selbst eine Waffe in der Hand zu haben, würde ich den bewaffneten Einbrechern nicht entgegentreten. Vor allem dann nicht, wenn ich abschätzen kann, dass keine Not am Mann ist. Ist meine Familie (oder ich) jedoch in allerhöchster Gefahr: ran, drauf und drüber! Irgendjemand wird die Blumen auf meinem Grab schon gießen.

In den meisten Urban-Survival-Situationen ist es von größter Notwendigkeit, eine gut trainierte Mentalbestie zu sein. Ich weiß das. Ich habe diesen Schritt gemeistert. Ich bin, so denke ich, eine gut trainierte Mentalbestie. Für unvorbereitete Menschen geschehen negative Ereignisse einfach zu überraschend. Ist Gewalt im Spiel (akute Lebensgefahr), haben diese Menschen erst mal Chaos im Kopf. Kraut und Rüben könnte man sagen. Sie bekommen den Tunnelblick. Irgendetwas Seltsames geschieht. Selbst wenn die an sie herangetragene Gewalt so augenscheinlich ist wie ein riesiger rosaroter Tyrannosaurus Rex im sonst farblosen Wohnzimmer, wollen sie die Gefahr nicht sehen. Sie suchen nach zahlreichen abstrusen Erklärungen, wo es doch nur eine geben kann. Sie denken so, weil sie die Gewalt so überraschend und unverhofft trifft, dass es ihnen ganz und gar unmöglich ist, diese Realität zu akzeptieren.

Wenn du Waffenträger bist, wird irgendwann der Zeitpunkt kommen, an dem du von der Waffe Gebrauch machen musst. Die Ereignisse werden dich an diesen Punkt führen, glaub mir. Das betrifft ganz besonders Polizisten, Soldaten, wehrhafte Zivilpersonen (wie dich?), hochqualifizierte Securityfreaks oder eben den banalen Ordnungshüter. Sie alle stehen unter Generalverdacht. Unter dem nämlich, den inneren Drang zur Aufrechterhaltung von Sicherheit und Ordnung stärker zu spüren als die anderen ihren Drang zum Chaos.

Bewaffnet zu sein ist eine Sache. Alle Skrupel hinwegfegend, die Waffe auch einzusetzen, ist ein ganz andres Ding. Warum ich das sage? Nun, zwei- oder dreimal war ich Zeuge davon, dass Menschen, obwohl sie sich in imminenter Lebensgefahr befanden, ihre Waffe nicht benutzten.

Entweder waren sie sich im Augenblick der Geschehnisse der tödlichen Gefahr, in der sie schwebten, nicht bewusst oder sie zögerten aus moralischen Gründen. Oder aber sie hofften, dass die gegnerische Partei noch im letzten Augenblick einlenken, es zu einem Kompromiss kommen könnte. Dieses Zögern, sicherlich als Schwäche ausgelegt, verschaffte dem Gegenüber die eine Sekunde mehr, die es benötigt, seine eigene Waffe zu benutzen. Gnadenlos. Effizient. Tödlich!

Egal, welche Waffe du bei dir trägst oder in welcher Situation du dich gerade befindest: Es gibt eine Zeit für alles. Auch für Kompromisse. Und es gibt eine Zeit für null Kompromisse. Nämlich dann, wenn es um dein oder um das Leben deiner Liebsten geht. Und es gibt Situationen, die deine ganze Entscheidungskraft, deinen gesamten unbändigen Willen zum kurzentschlossenen Handeln erfordern. Als Gegenbeispiel dazu musste ich schon einige Male zusehen, wie Soldaten im Einsatz sich ihrer Waffe ohne Not bedienten. Weil die Gelegenheit da war. Aus Spaß am Töten. Weil sie sich vor lauter Angst nicht anders zu helfen wussten!

Doch nun schnell zur Realität. Legale, unkonventionelle Waffen für dein Zuhause

Bevor wir reingehen ins Thema, muss ich darauf hinweisen, dass es nichts Komplizierteres und nichts Bekloppteres gibt als das deutsche Waffengesetz. Kompliziert, weil, so scheint es mir, jedes Bundesland sein eigenes Süppchen kocht, und weil selbst diese Suppe zum Lunch anders angerichtet wird als zum Dinner. Nichts Bekloppteres, weil du einerseits bei Lidl, Aldi und Co ein scharfes Küchenmesser mit einer Klingenlänge von vierzig Zentimetern kaufen und das Ding mit in der Einkaufstasche nach Hause tragen darfst, du aber eine Anzeige bekommst, wenn sie dich dabei erwischen, dass du in deiner rechten Beintasche ein Einhandmesser mit Klingenverriegelung (Klingenlänge egal) hast. Also, ich bitte euch, das Buch hier ist keine Rechtsberatung und ich übernehme auch keine Verantwortung oder Haftung für das, was ich hier schreibe. Ihr seid in der Pflicht, euch genauestens darüber zu informieren, was ihr dürft und was nicht, bevor ihr unwissentlich (oder weil Thomas Gast es so geschrieben hat) eine Straftat begeht.

Da ich aber von eurem Zuhause sprach, und nicht vom Führen in der Öffentlichkeit, lasst uns auch zu Hause bleiben.

Wichtig ist es, den Angreifer, insofern er keine Schusswaffe in Händen hält, auf Distanz zu halten. Was ändert die Schusswaffe? Nun, richtet jemand eine Pistole auf mich, habe ich ihn lieber so nah wie möglich an mir dran. Das ist eine Sache von Reaktion. Was ist nah dran? Ich würde sagen Armeslänge und weniger. In dem Bereich muss er sehr aufpassen, dass ihm das Ding nicht weggenommen wird. Anders ausgedrückt, ich wäre versucht, es ihm wegzunehmen.

Vor Pistolen im Nahbereich (Nahkampf) habe ich weniger Respekt als vor Messern. Ich weiche jedem Messerkampf aus. Das ist zwar nicht immer möglich, aber wenn ich allein bin, also keine Familie hinter mir stehen habe, die es zu beschützen gilt, nehme ich beim Anblick eines Messers die Beine in die Hand. Ich agiere hier gerne nach dem Grundsatz: *Der beste Kampf ist der, den ich nicht austragen muss.* Da lass ich mich auch gerne einen Feigling schimpfen. Sollen die kämpfen, die mich so betiteln, viel Spaß. Bei eurer Beerdigung stehe ich in der hintersten Reihe und danke Gott dem Schöpfer, dass zumindest ich clever genug war, die Zeichen an der Wand gelesen und richtig interpretiert zu haben. Amen.

Aber zurück zur Sachlage. Ich zum Beispiel habe eine zwei Meter lange und robuste Holzstange (Durchmesser etwa 4,5 Zentimeter) in meinem Schlafzimmer in einer Ecke stehen. An deren Ende ist ein spitzes, scharfes Messer befestigt. Das wuchtige Messer hat eine zweiseitig scharf geschliffene Klinge. Ich kann es mit einem Handgriff abnehmen und wieder fixieren. Man nenne das ganze Teil gerne eine Lanze. Ihr könnt mir glauben oder nicht, aber mit solchen Lanzen haben mir sehr bekannte Sicherheitsleute auf Schiffen bis an die Zähne bewaffnete Piraten davon abgehalten, das Schiff zu entern. Ja und noch mal ja, eine Pistole ist zehnmal, nein, hundertmal besser als eine Lanze. Aber eine Pistole hat eben nicht jeder, aber jeder – auch du – kann sich so eine Lanze bauen.

In Abwesenheit von Indizien, die meine Aussagen widerlegen, bin ich geneigt zu sagen, dass daheim der Einsatz eines Teleskopschlagstocks zur Verteidigung von Leib und Seele und von irdischem Besitz erlaubt ist. Sehr kurz und beidhändig verwendbar, sind Teleskopschlagstöcke für den Nahkampf bestens geeignet. Vor allem dann, wenn man im Umgang geübt ist. Es gibt mehrere Anbieter und mehrere Varianten. Generell liegt so ein Ding gut in der Hand. Zusammengeschoben misst es in etwa fünfzehn bis zwanzig Zentimeter. Es kann am Gürtelholster getragen werden. Ausgefahren beträgt die Länge im Schnitt 45 Zentimeter. Das ist wichtig, weil ich den Angreifer damit etwas auf Distanz halten, aber dennoch voll in den absoluten Nahkampf gehen kann. Erwerb und Besitz sind ab achtzehn Jahren erlaubt, das Führen etwa bei Versammlungen oder in der Öffentlichkeit allgemein wäre eine Straftat. Der Teleskopschlagstock darf nur dann außerhalb der vier Wände geführt werden, wenn ein berechtigtes Interesse besteht.

Sicher kennst du die Pfefferspraypistole (Typ JPX6 mit Laser und Vier-Schuss-Speedloader)? Alles Chicago, sag ich nur. Teuer, aber stabil das Teil. Und sehr präzise. Die vier Strahlen treffen sich knapp zwei Meter vor der Mündung zu einem *boule de feu* (Feuerball). Vorteile: geringer Abzugswiderstand, große Reichweite, bis zu fünf Meter effizient. Das Teil darf sogar in der Öffentlichkeit geführt werden, weil es nicht unter das Waffengesetz fällt und auch keine Anscheinwaffe ist. Vom BKA zugelassen, fällt es in die Kategorie Tierabwehr. In einer Notsituation darf es aber auch gegen eventuelle Angreifer gerichtet werden. Tagsüber benutzt du Kimme und Korn zum Visieren, nachts den mitgelieferten bzw. integrierten Laser.

Weitere legale Waffen zur Heimverteidigung? Sagen wir es mal so. Alles, womit du Hiebe und Stiche an den Mann bringen kannst. Die Palette erstreckt sich über Baseballschläger hin zum Hammer und zur Machete. Oder probiere es mit einem einfachen Luftgewehr, dem du (illegalerweise, ich betone es ausdrücklich) etwas auf die Sprünge geholfen hast, was die Drosselung angeht. Natürlich werde ich dir nicht sagen, dass du bei der kleinen Mafia um die Ecke eine Pistole oder gar ein Sturmgewehr für kleines Geld kaufen kannst, denn das ist illegal!

Ein Tipp, Ausgeburt meiner wüsten Fantasie: Unternimm mal folgenden Versuch. Nimm eine leere Wasserflasche, Volumen 1,5 Liter.

Montiere eine Art Spritzverschluss darauf oder stich einfach mit einer Ahle drei oder vier Löcher in die Verschlusskapsel. Füll sie mit altem Motorbenzin. Bring einen Dummy in deinem Garten in Stellung. Der Dummy trägt Perücke, Brille, Hemd, Hose usw. Stell die Flasche unweit des Dummys auf einen Tisch. In deiner rechten Hosentasche hast du ein Feuerzeug. Übe dich darin, nach der Flasche zu greifen, sie blitzschnell auf den Dummy zu richten, zuzudrücken und gleichzeitig dein Feuerzeug zu entflammen. Zwei Sekunden, Leute, zwei lächerliche Sekunden und der Dummy bekommt sein Fett weg. Wie meint Thomas Gast immer? Alles ist eine Sache der Übung und des Drills. Muss ich mehr sagen?

Wenn ein Typ merkt, dass ihm ein Liter Benzin von der Brust langsam nach unten in den Schritt rinnt und er dann auch noch das brennende Feuerzeug in deiner rechten sieht, geht ihm der Arsch dermaßen auf Grundeis, dass er alles tun würde, was du von ihm verlangst. Sein Kampfwille und seine Moral befinden sich augenblicklich im Keller – ach, was sag ich? – zwei Etagen tiefer.

Wenn du es richtig anstellst, trifft der erste Strahl das Gesicht. Dein Gegenüber braucht, wenn so behandelt, kein Botox mehr zu nehmen und er könnte sogar auf unbestimmte Zeit auf jeden Friseurbesuch verzichten. Unwahrscheinlich? Pustekuchen! Ich habe es probiert. Es funktioniert.

Auf all die anderen Waffen für daheim brauche ich nicht mehr einzugehen. Ich habe sie im Buch *Urban Survival* ausführlich beschrieben, sodass wir nun zum nächsten Kapitel übergehen können.

Strassen der Gewalt

Machen wir uns nichts vor. In den 60er Jahren wohnten knapp 35 % der Weltbevölkerung in Städten. Wenn der Trend so weitergeht, sind es im Jahr 2030 doppelt so viele. Heute schon leben Millionen und Abermillionen Menschen in Großstädten wie London (9,65 Mio.), Paris (11,2 Mio.), Moskau (12,7 Mio.), Berlin (3,57 Mio.), Hamburg (1,85 Mio.), München (1,48 Mio.), Köln (1,08 Mio.) All diese europäischen Städte haben eines gemeinsam: Alles, was die Menschen dort zum (Über-) Leben benötigen (sich fortbewegen, arbeiten, konsumieren, medizinische Versorgungsmittel bekommen, einem gewissen Luxus frönen und sich den Tag einigermaßen schön gestalten), alle Mittel dafür kommen von außerhalb der Stadt. Sie werden geliefert. Per Bahn. Per Flugzeug. Per Lkw. Das schafft Abhängigkeiten von gut funktionierenden Logistikketten. In Normalzeiten kein Problem. Aber wehe, wenn es zu einer Naturkatastrophe kommt. Zu einem Mega-Terroranschlag (Trinkwasservergiftung, Einsatz von chemischen Kampfmitteln), zu bürgerlichen Aufständen infolge knallhart verordneter Maßnahmen im Rahmen einer Pandemie, zu einem Sonnensturm, einer massiven Cyberattacke auf unsere Stromnetze und den damit einhergehenden totalen Blackout! Bei Letzterem reden wir immerhin von einer Groß-Schadens-Lage. All das scheint oder ist unmöglich?

Du täuschst dich gewaltig!

Ein massiver Stromausfall hatte am Montag, den 28.04.2025, weite Teile Spaniens und Portugals lahmgelegt. Auch Südfrankreich, insbesondere das Baskenland, war betroffen. Die Szenen, die bei uns über die Bildschirme flimmerten? Wie Auszüge aus einem Endzeit- oder Katastrophenfilm! In Spanien und Portugal wurde der Ausnahmezustand ausgerufen. Fast alle AKWs schalteten um auf Notbetrieb. Teile der Armee wurden in Spaniens Hauptstadt gebracht. Ihre Aufgabe bestand darin, die Situation unter Kontrolle zu halten und Plünderungen zu verhindern. Über die Ursache des flächendeckenden Blackouts wurde viel spekuliert. Hier und da blitzten Wortphrasen wie *Cyberattacke, Russland, Putin* auf. Natürlich war das reine Spekulation. Nicht wenigen Beamten in Europa hätte eine Bestätigung vom Typ *Putin war's* prima ins Konzept gepasst. Vermutlich, und sehr zum Leidwesen dieser Herren, war der Blackout aber nur auf eine Netzstörung in Frankreich zurückzuführen. Spanien hatte hohe Überschüsse an Solarenergie loszuwerden, diese jedoch wurden nicht abgenommen und konnten auch nicht ins Ausland verkauft werden. Es kam zu einer Überlastung: Peng!

Nachdem die Menschen vom Stromausfall erfahren hatten, stürmten sie, die Panik im Nacken, zuallererst die nächstgelegenen Supermärkte.

Ohne Rücksicht auf Verluste wurden sämtliche Regale leer geräumt. Wer sollte es ihnen übel nehmen? Immerhin stand zu befürchten, der Blackout würde das ganze Land in ein noch nie dagewesenes Chaos stürzen. Die tatsächlichen sofort eintretenden Folgen waren:

- Ausfall des mobilen Internets. Die Mobilfunkdienste funktionierten nicht mehr.
- Auf dem Madrider Flughafen (auch auf dem in Lissabon) kam es zu massiven Behinderungen.
- Der Zugverkehr in Spanien kam fast vollständig zum Erliegen. Tausende von Menschen saßen in der U-Bahn und in Zügen in Barcelona fest.
- Kurze Idee: Wie wäre es, wenn du dich bei einem Stromausfall zufällig in einem Aufzug befändest? Derselbe hängt zwischen der elften und zwölften Etage fest. Kein Licht. Keine Info. Nur erbärmliche Geräusche, die dein Hirn nicht zuordnen kann?
- Krankenhäuser konnten nur noch mit Notstromaggregaten betrieben werden.
- Der Ausfall sämtlicher Ampeln führte zu Chaos auf den Straßen.
- Polizei und Sicherheitseinsatzkräfte waren nonstop unterwegs.

Was den Menschen am meisten fehlte, waren Informationen. Denk nach! Wie würdest du dieses Manko am besten überbrücken oder von vorneherein beseitigen?

Im Buch *Urban Survival* haben Robert Jungnischke und ich alle Aspekte eines Blackouts genauestens beleuchtet. Da wurde auch der ein oder andre Ratschlag gegeben. Hier noch ein Tipp. Kein Strom, das heißt automatisch auch, dass bei dir daheim der volle Kühlschrank sofort beginnt abzutauen. Jetzt stell dir vor, es ist Hochsommer und du hast den Kühlschrank und/oder die Gefriertruhe voller Fleisch.

Mach Folgendes:

Bedecke Kühlschrank und Gefriertruhe mit Decken. Abgedeckt hält der Kühlschrank die Kälte zwei Tage länger. Wenn du Trockeneis herkriegst, umso besser. Das verlängert die Frist um das Doppelte. Ist diese Zeit abgelaufen, sollte das Fleisch entweder gegessen oder verarbeitet (Hitzebehandlung) werden.

Sollte es demnächst wissentlich (Info verbreitet durch gängige Medien) zu einem Blackout kommen und du bist gerade in deiner Wohnung, geh sofort ins Bad, steck den Stöpsel in die Badewanne und dreh das Wasser auf. Mach die Wanne randvoll. Ich habe es bereits mehrfach erwähnt. Kein Strom, keine Pumpen für das Wasser. Achte darauf, dass du das kalte Wasser aufdrehst. Der Grund ist einfach. Der Warmwasserboiler ist bereits voll. Zumindest sollte es so sein. Das Wasser ist dir also schon mal sicher. Via Badewanne sicherst du dir nun auch noch etwa 180 Liter kaltes Wasser. Bingo? Aber besser geht immer, sag ich mir. Besorg dir heute noch eine Plane. Du weißt schon, so eine grüne Regenplane, meinetwegen vier auf vier Meter. Die packst du griffbereit in ein Regal im Badezimmer. Nachdem du jetzt den Stöpsel ins passende Loch steckst und bevor du das kalte Wasser aufdrehst, leg die Plane in die Wanne. Es kann nämlich durchaus sein, dass der Stöpsel nicht dichthält. Mit dem auf diese Art ergatterten Wasser kann deine Familie eine Woche lang überleben. Wohlgemerkt aber nur dann, wenn ihr das feuchte Nass nur zum Kochen und zum Trinken benutzt.

Weg vom Fleisch hin zum Budget. Strom, und das zeigte der Blackout in Spanien mehr als deutlich, ist eine strategische Ressource. Nicht ganz, aber fast so wichtig wie Wasser würde ich meinen. Das erkennen wir aber erst dann, wenn der Strom mal längere Zeit ausfällt. Alles bricht zusammen. Alles!

Wenn alles normal funktioniert und solange die Menschen Geld auf ihrem Konto haben, über das sie frei verfügen können und solange sie sich für dieses Geld auch noch all das kaufen können, was sie zum täglichen Gebrauch oder eben zum täglichen Leben benötigen, dürfte alles mehr oder weniger in Ordnung sein. Aber was, wenn nicht? Was tun? Wo bleiben? Ist *bleiben* eine Option oder ist *abhauen* angesagt? In ihrem Buch *Rues Barbares* schrieben die Autoren Vol West und Piero San Giorgio von der sogenannten BDA. Damit meinten sie die Base Autonom Durable, auf Deutsch: einen Ort, an dem du dich in der aus den Fugen geratenen Stadt sicher fühlen kannst. Sie führten sieben fundamentale Punkte ins Gefecht, nach denen du dir effiziente Überlebenschancen schaffen kannst. Diese Punkte wären:

- **Wasser.**
- **Nahrung.**
- **Hygiene/Gesundheit.**
- **Energie.**
- **Wissen.**
- **Verteidigung.**
- **Soziale Verbindungen.**

Ich bin in meinen Überlegungen ganz und gar bei ihnen, muss aber gestehen, dass ich es, ist ein gewisser Punkt der Bedrohung und Gewalt überschritten, vorziehe, mit Familie, Sack und Pack aus der Stadt zu verschwinden. Warum, ist mit einigen Worten schnell erklärt. Sämtliche Banditen und alle Menschen mit krimineller Energie fokussieren sich hauptsächlich auf die Stadt. Dort liegt das Geld auf der Straße. Dort gibt es Reichtümer. Dort herrsche ich, weil ich eine Knarre habe und die anderen möglicherweise nicht. In Städten gibt es viele alleinlebende Frauen und es gibt verlassene Unterkünfte. Allein schon der Aspekt der alleinstehenden Frau in einer Stadt voller Chaos und voller bewaffneter Chaoten sollte für Frauen Anregung genug sein, dort wegzugehen. Sich nicht zu exponieren. Kein Opfer zu werden. Doch noch ist es nicht so weit. Wir fangen vom Anfang an, brauchen zunächst eine Arbeitsfläche bzw. eine oder mehrere Arbeitsgrundlagen. Wir brauchen den Trigger.

Die Zahl der Kriege nimmt ständig zu

Die Gebiete, in denen diese Kriege toben, sind zur No-go-Area, zum militärischen Sperrgebiet erklärt worden. Zu einem Gebiet, das nur die untereinander rivalisierenden Fraktionen betreten dürfen. Doch der Menschenfeind hat nicht immer das Etikett Krieg an der Stirn kleben. Auch in Nicht-Kriegs-Territorien herrscht Krieg. Und der ist nicht minder gefährlich.

Kuba – Real: 19.10.2024. Totaler Blackout. Die Menschen litten unter dem größten Stromausfall seit Jahrzehnten. Das Fleisch vergammelte in den Kühlschränken. Kein Fernseher und kaum ein Mobiltelefon funktionierten noch. Alle nicht notwendigen Operationen in den Hospitälern wurden abgesagt. In den Städten ging an diesem Wochenende im wahrsten Sinne des Wortes nichts mehr. Dazu muss man Folgendes wissen. Kuba, die aufmüpfige Zwergeninsel, unterliegt seit langer Zeit strengen Sanktionen von Seiten der USA. Dann war Kuba auch noch so dreist, mit einem Beitritt in die BRICS-Staaten zu liebäugeln. Unmittelbar darauf: Peng! Strom weg. Blackout. Die Behörden haben nun genug damit zu argumentieren, dass es an einem oder mehreren Ausfällen, bedingt durch den Zusammenbruch des Kraftwerks Antonio Guiteras in der Provinz Matanzas (das größte auf der Insel), ausgelöst wurde. Dumm ist, dass ich nicht der Einzige bin, der nicht an Zufälle glaubt.

Das (hypothetische, aber nicht undenkbare) Szenario?

Auf den Folgeseiten werde ich mehrere Szenarien düster bis schwarz an die Wand malen. Ich weise ausdrücklich darauf hin, dass es sich dabei um von mir frei erfundene Situationen handelt. Sie dienen als Arbeitsplattform.

Ende September 2024 griff die IDF den Libanon an. Bei zielgerichteten Bombardements wurde unter anderen auch Hassan Nasrallah, der Generalsekretär und Führer der Hisbollah-Miliz, getötet. Anzunehmen ist, dass die IDF sogenannte *earth-penetrating weapons* (EPW) eingesetzt hat. Das sind nukleare Äquivalente zu konventionellen Bunker-Bustern. Ekliges Zeug, das keiner wirklich braucht.

Die Hisbollah schlug noch in derselben Woche zurück, und zwar mitten ins israelische Herz. Eine schmutzige Bombe wurde in Tel Aviv gezündet. Einige behaupten sogar, es sei eine taktische Kernwaffe mit einer Sprengkraft von mindestes 22 KT, also durchaus vergleichbar mit Fat Man (die Nagasaki Bombe) gewesen.

Die Auswirkungen waren sogar in Europa, insbesondere in Deutschland verheerend, und sie waren zweierlei Natur. Zunächst kämpften wir mit den normalen Folgen, die eine Kernwaffenexplosion hervorruft. Dabei ging nicht um die direkte Kernstrahlung, sondern vor allem um den Fallout. Wir müssen wissen, dass die Distanz Beirut–München so ziemlich genau 2.537 Kilometer, die Distanz Tel Aviv–München etwa 3.700 Kilometer beträgt. Der Fallout, hervorgerufen durch die A-Bombe, hat Bayerns Hauptstadt in weniger als 72 Stunden erreicht. Die radioaktiven Staubpartikel, durch den Wind gar bis nach Berlin getragen, trafen dort nur wenig später ein.

Der gesamte Kommerz, hauptsächlich aber die Exporte Europas Richtung Naher Osten und Golfstaaten brachen von heute auf morgen völlig zusammen. Die auf Umwegen noch zu uns gelangten Energieimporte aus Russland versiegten total. China, Deutschlands wichtigster Handelspartner, zog sich augenblicklich zurück. Russland und China argumentierten damit, dass vor allem Deutschland mit seinen Waffenlieferungen nach Israel und in die Ukraine eine nicht geringe Mitschuld an den jüngsten Ereignissen trage. Alles zusammen veranlasste die deutsche Regierung dazu, einen bundesweiten Katastrophenalarm auszulösen. Der Alarm ließ Millionen von Smartphones gleichzeitig dröhnen. Die harten Fakten wären:

- Ausgangssperre: Sich im Freien aufzuhalten ist in einigen Landstrichen Deutschlands mit schwersten gesundheitlichen Risiken verbunden.
- Wer nicht vorgesorgt hat, nagt sprichwörtlich am Hungertuch, denn alle Supermärkte wurden sofort geschlossen. Heute sind sie zwar wieder geöffnet, aber nur zwei Stunden pro Tag. In diesen zwei Stunden wird die Ausgangsperre aufgehoben. Keine Ausnahme!
- Kranke und alte Menschen sterben in ihren Wohnungen, im Krankenhaus oder im Altersheim. Allein.[22]
- Erneute Maskenpflicht.

[22] An was erinnert mich das nur?

- Ein neues Serum namens TriSAD – hochdosiertes Jod (soll angeblich Jodtabletten ersetzen) – würde das Licht des Tages erblicken. Die Impfung ist Pflicht!

Dass die Regierung solche Maßnahmen einführen und das Einhalten derselben knallhart überwachen lassen würde, das wissen wir bereits. Bevor ich noch ein paar nützliche Worte zum Thema Blackout loswerde, verweile ich bei der ekligsten Sache, die es gibt. Bei der atomaren Bedrohung und der direkten Kernstrahlung. Kommt es zu Unfällen im Bereich Kernenergie, stehen zwei Dinge zu befürchten:

1. **Niemand wird je von einem Unfall erfahren.**
2. **Wenn die Sache doch rauskommt, dann ist es nicht etwa ein Leak, sondern ein bewusstes Inkenntnissetzen der Bürger über eine Sache, die eigentlich geheim bleiben soll.**

Aber jetzt mal im Ernst. Hast du schon mal daran gedacht, dir einen Geigerzähler oder ein Strahlenmessgerät zuzulegen? Vielleicht brauchst du keines von diesen Dingern, aber sie schaffen Klarheit, wenn Zweifel vorhanden sind. Ich war schon mal auf dem Gelände eines AKW. Das war im Jahr 2004, in Grafenrheinfeld. Aus der Sicherheitsbranche kommend, wollte ich testen, wie es dort mit der Sicherheit aussieht. Ich war mir ziemlich sicher, dass ich da gar nicht reinkommen würde. Überall, so glaubte ich, stünden Sicherheitsleute, Stacheldrahtbarrieren würden mir den Weg versperren und Kameras jede meiner Bewegungen filmen.

Pustekuchen!

Ich wurde derb enttäuscht, spazierte einfach wie ein Tourist auf einer Sightseeingtour durchs Tor. Unbegleitet. Kein Wachmann zu sehen. Ich lief weiter, bis ich die zwei Kühltürme fast berühren konnte, schmiedete in Terroristenmanier schon Pläne, wo ich eventuell Sprengladungen anbringen könnte, um das Ganze in die Luft zu jagen. So einfach war das.

In den Medien läuft die Cyberangriffsleier rauf und runter. Die Russen würden bei uns bereits einen unsichtbaren Krieg führen. Den der Desinformation und Sabotage. Jetzt mal ehrlich. Wenn es Thomas

Gast gelingt, so einfach mir nichts, dir nichts in ein AKW zu spazieren, was denkst du, zu was gut ausgebildete Sabotagetrupps der Russen imstande wären?[23]

Das wäre ein weiteres von vielen möglichen Szenarien, das einem großangelegten Angriff vorausgeht. Neulich hörte ich auf TikTok Worte von Klaus von Dohnanyi (einst Staatsminister im Auswärtigen Amt). Er erzählte von einer NATO-Übung in den 80er Jahren. Natürlich ging es um einen fiktiven Angriff der Russen auf das Bündnis. Diese stünden schon auf deutschem Boden. Während der Übung setzten die Amerikaner die in Deutschland stationierten Atombomben gegen die Russen ein. Zwar nur taktische, aber immerhin. Das Unstimmige an der Sache damals war, dass niemand von amerikanischer Seite die Deutschen auch nur gefragt hatte, ob es denn okay sei, mal schnell auf deutschen Boden ein paar taktische Atombomben zu zünden.

Aber Leute, das Spektrum ist da. Die Atombomben auch!

Gut. Ich deeskaliere. Eine Konfrontation NATO vs. Russland bedeutet nicht zwingend den totalen Atomkrieg. Einen solchen, geführt mit radikalen strategischen Interessen, würde niemand überleben. Russland und die USA sind im Besitz von Atomwaffen, die Overkill-fähig sind. Aus diesem Grund fällt meines Erachtens die Gefahr eines Einsatzes von strategischen Atomwaffen ganz weg (vorausgesetzt, irgendwelche verrückten Hardliner bekommen niemals die Kontrolle über die Codes!). Strategische Atomwaffen dienen einzig und allein der Abschreckung. Kämen sie dennoch zum Einsatz, dann nicht direkt im Gefecht.

Merkmale strategischer Atomsprengköpfe:

- Reichweite: bis zu 15.000 Kilometer.
- Hohe Sprengkraft: Liegt teilweise im Megatonnenbereich.
- Transport: via Langstrecken- oder Interkontinentalraketen.
- Geschwindigkeit: Überschall.
- Abfangen. Orten: fast unmöglich!

---

[23] Die Kühltürme des AKWs (eigentlich KKG) Grafenrheinfeld wurden im August 2024 gesprengt. Aber nicht von den Russen!

Durchgabe von Gefahreninformationen

Sollte das Modulare Warnsystem (MoWaS) ausgelöst werden, Label *GEFAHRENINFORMATION – HOHE Priorität*, könnte das den Fund einer Fliegerbombe, eine Amoklage, aber auch *extreme Gewalt* bedeuten. Ich persönlich traue niemandem, würde mir sofort meine Familie, die wichtigsten Papiere und den Hund schnappen und die Stadt verlassen. Natürlich hätte jeder seinen Fluchtrucksack dabei. Fünf Kilometer außerhalb der Stadt würde ich mich irgendwo niederlassen und abwarten, was kommt. Es ist hier eine reine Vorsichtsmaßnahme. Sobald nämlich auch nur ansatzweise eine Art Ausnahmezustand in den Großstädten herrscht, hätten wir Zustände wie die Amerikaner in New Orleans während des Hurrikans Katharina. Kurzer Abriss gefällig?

- 1.836 Tote.
- Kriminelle Energie, wohin das Auge fiel.
- Jeder war auf sich gestellt.

Achtzig Prozent der Polizisten, Sicherheitsleute, Ärzte, Chirurgen, Apotheker und Feuerwehrleute blieben zu Hause. Denen war die Jacke näher als die Hose. Sie schützten zuallererst ihre Lieben. Der Rest musste auf die National Guard und auf einen Präsidenten warten, der wohl gerade irgendwo Golf spielte. Na ja. Etwa vierzig Prozent der National Guard von Louisiana befanden sich gerade im Irak, aber das ist wieder eine andere Geschichte, nicht wahr, Bruder? Mit dem Notruf 112 lockst du im Katastrophenfall jedenfalls niemanden mehr hinter dem Ofen hervor. Da kommt keiner, um dich oder euch zu retten. Die Retter haben selbst gerade den größten Stress, doch schnell zurück zum atomaren Spektrum.

Viel wahrscheinlicher als ein mit strategischen Atomwaffen geführter Krieg ist ein konventionell geführter Zusammenprall der Mächte, in dem kleine taktische Nuklearsprengköpfe zum Einsatz kämen. Taktische Atomwaffen haben eine geringere Reichweite bei einer Sprengkraft, die irgendwo im Bereich zwischen 0,4 und 100 Kilotonnen (KT) liegt. Ziele dieser Sprengköpfe wären u. a. Aufmarschgebiete des jeweiligen Gegners, starre Verteidigungslinien, Artilleriestellungen, die Rüstungsindustrie sowie auch unterirdische Bunker (Befehlsstrukturen.

Hauptquartiere). Fast alle genannten Ziele, und hier ist das eigentliche Problem, befinden sich in der Nähe größerer Städte. Selbst wenn die Zivilbevölkerung nicht direkt aufs Korn genommen würde, wäre der Einsatz einer solchen Waffe eine Katastrophe. Warum? Das erklärt sich am besten anhand der zerstörerischen Effekte, ausgelöst durch eine Atombombe. Diese habe ich im Buch *Urban Survival* genauestens beschrieben.

Ich sprach von einer Katastrophe und von Kriegen, also machen wir gleich weiter. Es gibt da nämlich einen schleichenden Krieg, der uns alle sehr beschäftigt. Ein Krieg, dem wir täglich begegnen, den die meisten Verantwortlichen jedoch wegleugnen, weil nicht sein kann, was nicht sein darf.

Die Anzahl fremdaussehender Männer und Frauen im Land nimmt signifikant zu. Die schier unkontrollierte Massenmigration, begonnen im Jahr 2015 unter Merkel *(Ja, wir schaffen das)* wird zur größten Herausforderung unserer heutigen Zeit. Nicht die Russen sind es, die mir Angst einflößen, sondern ich habe Angst vorm Feind, der, bereits ganz legal unter uns weilend, gewollt oder ungewollt unseren Untergang vorbereitet.

Im Frühjahr des Jahres 2025 befand ich mich auf Zypern. Von Larnaka aus führte ich ein Gespräch mit meiner in Deutschland weilenden Frau. Sie befand sich gerade an einem sehr beliebten Ausflugsort in einer Stadt in Oberfranken. Früher, als wir alle noch dort lebten, gingen wir oft dorthin. Es war ein Ort der Ruhe und des Austausches. Auf meine Frage hin, was sich denn verändert hätte, antwortete sie:

Alles beim Alten, lieber Mann, aber keiner spricht mehr Deutsch!

Der Feind im Inneren?

Es scheint mir an dieser Stelle von größter Wichtigkeit, hinzuzufügen, dass es mir nicht generell um Immigranten oder Ausländer geht, sondern vielmehr um eine ganz spezifische Gruppe von Zuwanderern, die nicht gewillt ist, sich zu integrieren. Die Rede ist von Menschen, die nicht gekommen sind, um zu arbeiten. Es geht um diejenigen, deren

Lebensstrategie die alleinige Aggressivität und Gewaltbereitschaft zu sein scheint. Anbei eine Passage aus meinem Buch *Survival Total*, Band zwei. Es geht vordergründig um das von mir befürchtete A-Szenario. Beginn Zitat:

> Sie haben sich nach und nach im Laufe der Jahre in einer Großstadt Deutschlands gefunden. Ein für ihre Zwecke favorables Stadtviertel hatte sich schnell herauskristallisiert. Dieses befindet sich im Stadtzentrum, dort, wo enge Straßenzüge, verschachtelte Gassen, Einbahnstraßen und verwinkelte Gebäudekomplexe aufeinandertreffen. Hier haben sie ihre Kreise ständig erweitert und unter Bart und Nase unserer Behörden mehrere Wohnungen angemietet, sich niedergelassen und eingerichtet. Es war die Basis für alles, was noch kommen sollte. Doch wer sind sie? Es handelt sich um dreißig bis vierzig gut organisierte Männer und Frauen, Deutsche, Ausländer und Immigranten, eher unauffällige Personen, voll integriert, gut gebildet und nett. Das geschah nicht von heute auf morgen. Vielmehr war es ein Prozess, der sich über lange Jahre hinweg vollzogen hat. Irgendwann, Absicht und Zufall helfend, wurden sie radikalisiert. Nach außen hin sind sie bieder, in ihrer Brust jedoch tobt der Teufel! Ihr Ziel? Kontrollieren, töten, destabilisieren, Unruhe schaffen und Macht beziehungsweise (unsere) Ohnmacht demonstrieren! Und sie fordern, dass Deutschland sofort seine Soldaten aus allen Ländern zurückzieht, in denen die Bundeswehr im Einsatz ist.[24] Solange dies nicht geschieht, töten sie jeden Tag eine der Geiseln, über die wir später noch reden werden. Die Piste? Alles ist möglich! Vielleicht handelt es sich bei ihnen um religiös motivierte islamistische Terroristen, die ihre Stunde für gekommen halten. Möglicherweise sind sie Militanten einer linksterroristischen Gruppe, aber wie auch immer. Anfangs waren nur einige von ihnen Hardliner der Sache, doch jetzt, im allgemein herrschenden Chaos, ziehen alle gemeinsam am selben Strang. Und sie haben eine gute Ausbildung erhalten, sich Wissen angeeignet. Wo? Zunächst daheim in ihrem Hinterstübchen mittels einer Selbstradikalisierung durch das Internet, dann an unseren Schulen und Unis und schließlich vermutlich direkt an der Front

---

[24] Heute ist die Bundeswehr nicht mehr in Mali und auch nicht mehr in Afghanistan tätig. Zumindest nicht offiziell.

> in den verschiedenen Krisenherden unserer Erde, in der Ukraine, in Syrien, in Afghanistan oder im Irak. Sich in ihren Zielen einmal einig, taten sie dasselbe, wie wir es tun werden, wenn es später an die Hausverteidigung geht, nur großflächiger, besser organisiert, professioneller und vor allem viel unauffälliger.

Sie flochten ein breites, aber linientreues und verlässliches Netzwerk aus Informanten und Zuträgern, beschafften sich Nahrung und enorme Wasserreserven. Weiterhin hatten sie vor Kurzem damit begonnen, in ihren Wohnungen Waffen zu horten, und nach und nach, im Laufe der Wochen und Monate, kommen neue hinzu, auch schwere Waffen wie Panzerfäuste, Maschinengewehre, Handgranaten, Explosivstoffe und Minen.

Bald schon verfügen sie auch über Munition in Hülle und Fülle.

Die Zerstörung ihrer Wohnungen und Häuser durch sorgfältig angebrachte Sprengsätze ist von ihnen für den Fall geplant, dass Sturmtruppen diese einzunehmen drohen, alle Eingänge sind ab Zeitpunkt X vermint. Nicht zuletzt besitzen sie Stadtpläne, auf denen auch alle unterirdischen Tunnel der begehbaren Kanalisation eingezeichnet sind. Sie haben also auch gegen Pioniere und Tunnelratten vorgesorgt: Sprengfallen der neuen Generation versperren den vorrückenden Spezialisten der Einsatzkräfte dort den Weg.

Ihr Einsatzquadrat ist eine Fläche von etwa hundert auf hundertfünfzig Meter, mit im Finalstadium fast schon zu Stellungen ausgebauten Wohnungen (Aktionsraum) – acht bis zehn an der Zahl –, die nicht ganz zufällig kreisförmig und in gewissen Abständen zueinander liegen. Von diesen Wohnungen aus können sie taktisch alle Schleichwege, die zu ihnen führen, mit Feuer und Blick überwachen. Rückzugswege ins zentral gelegene Hauptquartier, wo der letzte Kampf sattfinden könnte, sind von außen nicht einsehbar. Hier, in ihrem Logistikzentrum, an dem mit Munition, Nahrung und Waffen versorgt wird, wo Verwundete gepflegt werden und wo sie Schlaf (Ruhezone) und neue Anweisungen bekommen, sitzt auch der Kopf der Bande. Gibt es Flachdächer auf den Gebäuden rundum, so sind diese „vorbereitet“ oder können von den Terroristen eingesehen und somit kontrolliert werden. Diese Flachdächer eignen sich für Landungen kleiner Hubschrauber oder um per Seil (*fast rope system*[25]) Stoßtrupps abzuseilen. Sie werden deshalb vorsorglich mittels Sprengfallen, Tretminen, Stacheldraht und mit sperrigen, mit Feuer überwachten Hindernissen versehen, sodass eben eine Anlandung nicht möglich ist. Jetzt, die Stunde gekommen, sind sie zu allem entschlossen. Die Operation beginnt mit einem Knalleffekt! Eine Massengeiselnahme in einem Kinderhort, einem Supermarkt oder einer Schule.

Ich bin absolut der Meinung, dass gewisse Gruppierungen (unter ihnen nicht wenige Schläfer) die kommenden Ereignisse antizipieren. Handelt es sich bei diesen Ereignissen um die ersten Anzeichen eines kommenden Bürgerkrieges, siehe Spanien, aber auch Großbritannien oder Frankreich[26] ist das Kind vielleicht längst in den Brunnen gefallen. Uns wäre die Kontrolle entglitten, noch bevor wir beweisen könnten, dass wir so etwas wie Kontrolle überhaupt ausüben können.

Handelt es sich um einen Atomschlag, sind sie die Ersten, die sich Schutzkleidung besorgen, um dann ganz offen und ohne Skrupel ihrem blutigen Handwerk nachzugehen.

Die Rede ist hier allerdings nicht nur von diesen fremdaussehenden Menschen, die vorgeben, in unserer Mitte Zuflucht und Schutz zu suchen, sondern auch von Gruppierungen aus dem extrem linken Spektrum. Da befürchtet wird, die russische Armee könnte entstehendes Chaos (egal welcher Natur und welcher Größenordnung) dazu nutzen, um über Belarus nach Polen und von dort weiter nach Deutschland einzurücken – wofür es weder Beweise noch ernstzunehmende Indikatoren gibt –, wäre die Bundeswehr nicht in der Lage, im Inneren einzugreifen. Sie wäre in Gänze an der zu verteidigenden Front gebunden.

Derweil unsere Bürger in Uniform auf einen Gegner warten, der sich partout nicht manifestieren will, spitzt sich die Lage bei uns zu. Von

---

[25] Fast Roping bezeichnet eine Technik des Abseilens an einem dicken Seil, mit der Sturmtruppen aus einem Hubschrauber an Orten eingesetzt werden können, an denen der Hubschrauber nicht landen kann.

[26] Diese drei Länder stehen bei mir unter ständigem Generalverdacht, dass es aus genannten Gründen bald zu massiven Unruhen kommen kann.

der Polizei und den Ordnungskräften völlig unbehelligt, dringen kriminelle Banden aus dem bereits genannten Spektrum am helllichten Tag in Appartements, Banken, Supermärkte und Häuser ein. Ein Blackout würde den nächsten schassen. Eine Horrornachricht würde die vorhergegangene ablösen. Im Jetzt hieße das: In Deutschland gehen sprichwörtlich die Lichter aus! Die Hoffnung auf bessere Zeiten wäre definitiv passé. Nirgends Schutz, nirgends Sicherheit. Keine Schulen, keine Toiletten, kein Wasser, nur öde Kloaken. Bereits nach einigen Tagen zwingt der Hunger die Menschen zurück auf die Straßen. Das tun sie auch, um der Kriminalität Herr zu werden. Beherzte Frauen und Männer nehmen die Sache selbst in die Hand, Bürgerwehren. bilden sich. Diesen gelingt es tatsächlich, die Ordnung teilweise wiederherzustellen. Doch die Straßen sind nach wie vor Straßen der Gewalt. Für die Überlebenden gibt es weder Ordnung noch Recht (außer das exklusive Recht des Stärkeren), noch gibt es ein Gesetz. Die Menschen kämpfen um die spärlichsten Ressourcen. Nicht wenige von ihnen sind bereits krank. Der Kampf ums Überleben hat sie zermürbt.

Man mag mir heute sagen, solche Szenarien würden niemals das Licht des Tages sehen. Ich hingegen bin restlos davon überzeugt, dass es hierbei längst nicht mehr um die Frage geht, ob sie den kommen werden, sondern ab wann wir damit rechnen können. Oder haben wir im Jahr 2019 auch nur in unseren kühnsten Träumen daran geglaubt, dass die Corona-Maßnahmen unsere Freiheit dermaßen einschränken würden, dass uns mancherorts das Leben nicht mehr lebenswert scheint? Und doch ist es genauso gekommen: Maskenpflicht. Ausgangsperren. Lockdowns. Pflichtimpfung für bestimmte Berufsgruppen. Ausgrenzung. Denunziationen. 3G und ich erspare mir den Rest. Denk nach!

Wohin kann man sich wenden, um Szenarien dieser Art aus dem Weg zu gehen?

Nirgendwohin! Kaum ein Land der Erde hat laut seine Stimme erhoben, als es darum ging, oben genannte Maßnahmen zu verurteilen. Was einen möglichen Atomschlag angeht, ist das infrage kommende Einsatzgebiet schnell genannt.

Zentraleuropa mit Deutschland in der Mitte!

Um zu diesem Schluss zu kommen, genügt ein Blick auf die Karte. Unser Land ist Aufmarschgebiet nicht nur der gesamten europäischen NATO,[27] sondern auch der Armee der Vereinigten Staaten von Amerika. Allein schon aus diesem Grund würden die Russen, sollte es doch zu einem Krieg kommen, alles daransetzen, deutsche Autobahnen, Brücken, Verkehrsknotenpunkte, Logistikzentren und Niederlassungen für die Rüstungsindustrie in einer ersten, alles vernichtenden Welle und unter Einsatz von Marschflugkörpern, Drohnen und ballistischen Raketen zu zerstören. Das Verstörende an der Sache: Wir könnten nichts dagegen tun. Warum nicht? Weil sich unsere besten Waffensysteme bereits in der Ukraine befinden. Wir haben geliefert, was zu liefern war.

Zu den sichersten Orten der Erde zählen diesbezüglich Neuseeland und Australien. Nur diese beiden Länder hätten noch das, was man im Allgemeinen Landwirtschaft nennt. Überall auf der Welt hätten die Menschen Schwierigkeiten, etwas Essbares herzubekommen, außer eben an diesen beiden Orten. Doch ob Neuseeland oder Australien: Die Behörden lassen im Ernstfall niemanden mehr rein. Wer sein Glück dennoch versucht, auf den wird scharf geschossen. Doch sind wir weder in Australien noch auf einer Insel namens Neuseeland. Wir befinden uns im Zentrum der US-Kolonie Deutschland. Willkommen auf den Straßen der Gewalt. Alles Utopie? Na dann!

---

[27] Ausgenommen: die Türkei!

Draussen

Wer nicht auffällt, erhöht seine Überlebenschancen!

Wann immer du den relativen Schutz des Hauses verlässt, begibst du dich in eine Abhängigkeit. Solltest du durch Verletzungen oder Krankheiten geschwächt sein, zögere die Entscheidung aus unten genannten Gründen (nach draußen zu gehen) nicht lange hinaus. Vielleicht hast du ein paar Stunden später schon keine Kraft oder keinen Willen mehr, zu tun, was getan werden muss. Lerne, dich in einer Stadt zu bewegen, in der du kaum Freunde, aber nicht wenige Feinde hast. Im Zweifelsfalle gilt: Jeder ist verdächtig! Sich in Krisenzeiten von A nach B zu bewegen kann gefährlich sein. Deshalb gilt grundsätzlich:

Begib dich nur dann außer Haus, wenn es absolut notwendig ist

Beispiele hierfür wären:

- Observation und Vorbereitung auf eine dir anvertraute Mission.
- Eine bessere Location finden.
- Nach Hilfe (Hebamme, Arzt), Nahrung oder Wasser suchen.
- Eine gesamtheitliche Flucht.

Egal, welcher dieser vier Gründe dich nach draußen unter die Wölfe treibt, du musst Vorsicht walten lassen. Es könnte sein, dass man dich beobachtet, weil man vermutet oder weiß, dass du, im Gegensatz zu vielen andren Menschen, ein gut bestücktes, volles Lebensmittellager zu Hause hast. Oder Bargeld. Alkohol. Tabak. Waffen und Munition. (Oder einfach nur eine funktionstüchtige Toilette.) Möglicherweise gilt deine Location als ein sicheres Versteck. All diese Dinge sind in Urban-Survival-Zeiten sehr rar.

Dass du draußen unterwegs bist, hat also sicherlich einen guten Grund, denn niemand verlässt sein sicheres Zuhause, um sich in die absolute Abhängigkeit zu begeben. Möglicherweise, so denken einige böse Jungs, bist du gerade zu all diesen Schätzen unterwegs oder möchtest deine Bestände auffüllen. Was sie sehen, ist, dass du allein bist. Einzelgänger sind für sie einfach zu handeln. Du bist ein leichtes Ziel. Ein Soft Target allemal, insofern du nicht bewaffnet bist oder in einer Kampfkunst brillierst, die du nicht nur vom Saal, sondern von der brutalen Realität her sehr gut kennst.

Du musst dich auf deine Exkursion vorbereiten, solltest sicher sein, dass du, einmal auf der Straße, keine Verfolger hast und nicht unter ständiger Beobachtung stehst. Die Vorbereitung beginnt damit, dass du lernst, dich in der Stadt unter den Wölfen zu bewegen. Werde zum Grauen Mann. Dich dem Mainstream und den Gegebenheiten anzupassen ist Pflicht. Optisch, aber auch von deiner inneren Einstellung her.

Kurze Geschichte, um zu verstehen, was ich meine:

Von 2004 bis 2008 arbeitete ich in Riad (Saudi-Arabien). Damals war es noch richtig gefährlich und für Europäer kam das Spazierengehen oder das Sichaufhalten in manchen Vierteln einem Spießrutenlauf gleich. Einige durften diese Dummheit gar mit ihrem Leben bezahlen. Aus operativen Gründen musste ich oft in die alte Stadt um den alten Markt. Meine dunklere Hautfarbe kam mir da zugute, doch ich wollte die Sache rund machen. So lernte ich zuerst die Sprache. Um ehrlich zu sein, hatte ich schon damit begonnen, als sicher war, dass ich den Job bekommen würde. Das war im Januar 2004, genau drei Monate vor meinen ersten Einsätzen. Zeit genug für einen wie mich, denn wenn ich mir etwas in den Kopf gesetzt hatte, zog ich es konsequent und brutal durch. Als ich die Sprache mehr oder weniger gut beherrschte, arbeitete ich an meinem Aussehen. Ich ließ mir einen Bart wachsen, beschaffte mir Klamotten, die hier jeder männliche Vertreter trug, und schon war ich drin im Grauer-Mann-Ambiente. Niemandem fiel auf, dass ich eigentlich Deutscher war und hier nichts verloren hatte.

Ich hatte vorher schon drei oder vier Mal in diesem rein arabischen Viertel zu tun, spürte damals die Blicke in meinem Rücken, feindselige

Blicke wie Dolchstöße. Nun, als Grauer Mann konnte ich frei denken, mich frei bewegen. Ich war nur einer von vielen, niemand richtete sein Augenmerk auf mich. Das gab mir eine ungeheuer wertvolle mentale Initiative und auch einen gewissen praktischen Handlungsspielraum. Mehr zu dem Thema Grauer Mann findest du im entsprechenden Folgekapitel.

Was von größter Wichtigkeit wäre, ist herauszufinden, ob dir draußen jemand folgt. Ob es jemand tatsächlich auf dich abgesehen hat. Gegebenenfalls musst du deine ganzen Pläne über den Haufen schmeißen oder Scheinpläne entwerfen, um den Gegner in die Irre zu führen.

Rausmüssen, wenn der Mob tobt?

Bevor ich das nächste Kapitel angehe, muss verstanden werden, dass es Zeiten und Orte gibt, an denen das Tragen von persönlicher Schutzkleidung, aus welchen bizarren Gründen auch immer, strikt verboten ist. Ich gehe für folgende Zeilen jedoch von krisenähnlichen Szenarien aus. Die Rede ist von Zeiten, in denen Recht und Gesetz durch äußere oder interne Prozesse längst ausgehebelt sind.

Natürlich nimmst du nicht am Toben, am Plündern und an schlimmeren Sachen teil. Du möchtest nur etwas besorgen, jemanden abholen oder dir ein Lagebild der aktuellen Situation machen, brauchst also Informationen, die du nur bekommst, wenn du dich zur Informationsquelle hinbewegst. Und du möchtest schnell wieder nach Hause.

Was unterwegs passieren kann?

Alles!

Schau dir die Zustände in Los Angeles Anfang Juni 2025 an. Die Straßen der Stadt der Engel waren Feindesland. Da herrschte der organisierte Aufstand. Die Proteste richteten sich gegen Trumps Anti-Migranten-Razzien. Das Resultat? Extrem gewaltsame Unruhen. Polizeiautos brannten lichterloh. Es kam zu Schießereien und brutalen Zusammenstößen zwischen Ordnungskräften und dem tobenden Mob. Steine und Molotowcocktails flogen.

Oder lass uns erneut nach Spanien gehen. Im Juli des Jahres 2025 hatte aufgrund interethnischer Spannungen eine Art lokaler Bürgerkrieg begonnen. Nach dem Übergriff nordafrikanischer Migranten auf einen älteren Spanier kam es in verschiedenen Regionen des Landes zu Zusammenstößen zwischen Einheimischen und Migranten. Das geschah hauptsächlich in der Stadt Torre-Pacheco. Hier leben knapp 40.000 Menschen. Die Situation eskalierte, es kam zu extrem gewalttätigen Ausschreitungen. Berichten zufolge griffen einige Migranten nachts mit Messern Passanten an, nur weil diese eine hellere Hautfarbe hatten. Aus Angst, Opfer übermäßiger Gewalt zu werden, trauten sich die Einwohner der Stadt kaum mehr auf die Straßen, denn dort herrschte das kriminelle Chaos.

Jetzt stell dir vor, du wohnst inmitten einer Stadt, in der solche Zustände herrschen. Und du musst auf Teufel komm raus deine Wohnung verlassen. Hier meine Tipps, damit es für dich nicht zu einem Katastrophen- oder Höllentrip ausartet.

Du solltest einen Helm haben. Stell dir folgendes Szenario bildlich vor. Dein Kopf ragt aus der Menschenmenge heraus und verbeult sich bei der Begegnung mit einem Schlagstock wie eine leere Blechdose. Du kennst doch diese Bierdosen von Heineken und Co? Genau solche meine ich. Ein Schlag, beabsichtigt oder nicht, und du hast fertig. Welchen Helm du dir besorgst, hängt von deinem Geldbeutel ab. Es gibt sehr unterschiedliche Schutzhelme, zum Beispiel das schwere Panzermodell aus Stahl. Der gute alte Stahlhelm also. Der scheint mir perfekt, weil solche Dinger in der modernen Version sogar einen Gehörschutz bieten. Einige verfügen auch über ein eingebautes Federungssystem. Das absorbiert die Schläge. Die meisten dieser Helme sind sogar kugelsicher. Wenn ich *kugelsicher* sage, meine ich damit, dass ein 9-mm-Geschoss, abgefeuert aus einer herkömmlichen Pistole, nicht unbedingt durchschlägt. Ein Nachteil hierbei ist, dass es diesen Typ Helm meist nur in großen Größen gibt. Und die sind schwer. Vermutlich ist es das schwerste Ding, das du jemals auf deinem Kopf hattest.

Leichtere Varianten wären normale Zivilschutzhelme. Diese wiederum bieten nicht immer einen Schutz für die Ohren. Bekommst du einen Helm mit heller, auffallender Farbe, male mit einer dunkleren Farbe drüber. Alles, nur bitte nicht auffallen! Ein geschlossener Kinn- oder Nackengurt kann als positiv oder negativ bewertet werden. Positiv, weil dir das Ding nicht sofort bei jeder schrägen, hastig ausgeführten Bewegung vom Kopf fällt. Negativ, weil selbst ein Treffer aus einer Pistole Kaliber 9 mm, abgefeuert aus nächster Nähe, dir das Genick brechen oder demselben schweren Schaden zufügen kann. Du weißt schon. Der Ruck. Bei einem geöffneten, runterhängenden Kinnriemen wäre dir der Helm einfach vom Kopf gefegt worden. Soldaten wissen das.

- **Trage eine Skibrille:** Sie schützt deine Augen.
- **Ein Gesichtsvisier**: Kann helfen, im Augen-Nase-Mund-Bereich nicht verletzt zu werden.
- **Schutzhandschuhe (schnitthemmend):** Wären ein großes Plus.
- **Halsschnittschutz:** Ohne würde ich das Haus nicht verlassen.

Ich möchte dir die Suche für das richtige Produkt nicht abnehmen. Um im Netz fündig zu werden, gib einfach die entsprechenden Stichpunkte ein.

Fortbewegung

Hier einige Übungen, die dir helfen, gewisse Dinge zuzuordnen und da draußen gut zurechtzukommen.

- **Ü1**: Laufe schnell. An einem von dir bestimmten Punkt (Kreuzung oder Abbiegung) angekommen, bleib abrupt stehen und dreh dich um. Gibt es jemanden, der, wie auch immer, auf dein Verhalten reagiert? Präge dir das Gesicht der Person gut ein. Sollte sie dir noch einmal über den Weg laufen, könnte es sein, dass du tatsächlich verfolgt wirst. Denk nach: Wie hat die Person reagiert, als du dich umdrehtest? Ängstlich? Verärgert? Überrascht?
- **Ü2**: Wirf etwas zu Boden (Zettel, Stift, Taschentuch) und lass es so aussehen, als hättest du es ganz einfach verloren. Beobachte unauffällig, wer sich danach bückt, es aufhebt. Lass es einen

Zettel gewesen sein oder ein Bahn- oder Busticket. Was macht die Person damit? Einfach einstecken? Lesen, was draufsteht, sich dabei nach dir umschauend?

- **Ü3**: Bleib vor einem Laden stehen. Schau interessiert in die Auslage (Augenmerk auf die Schaufensterscheibe, die als Spiegel herhält). Beobachtet dich jemand? Wie geht diese Person dabei vor?
- **Ü4**: Steig in einen Bus, kauf dir beim Fahrer eine Karte, setz dich hin, warte eine klitzekleine Minute, steig wieder aus, und zwar *bevor* er losfährt und lauf sofort schnell und ohne stehenzubleiben in eine Richtung davon. Steigt noch jemand nach dir aus? Wenn ja, verfolgt dich diese Person?
- **Ü5**: Wenn ihr zu zweit seid, macht Folgendes. Du läufst vorneweg, dein Partner folgt dir in gebührendem Abstand. Durch Observation (Beobachtung) soll er herausfinden, ob dir jemand folgt. Wechsle mehrmals die Richtung, damit jeder Irrtum ausgeschlossen ist.
- **Ü6**: Laufe in eine Sackgasse und beobachte, wer die Menschen sind, die dir folgen. Such nach Möglichkeiten, wo man dich in die Enge drängen könnte, und überlege fieberhaft, wie du wieder rauskämst aus dem Schlamassel. Mach diese Übung so oft wie möglich.

Praktiziere diese Art Übungen bereits heute. In Zeiten also, in denen alles noch etwa im grünen Bereich ist. Und denk dran: Endzeit ist vielleicht schon morgen!

Sich dem Zugriff entziehen

Kommen wir zu Punkt eins: Observation und Vorbereitung auf eine dir anvertraute Mission. Bevor ich jedoch beginne, einige generelle Überlegungen.

Wer in Krisenzeiten sein Überleben sichern will, sollte folgende Aspekte nicht dem Zufall überlassen, beziehungsweise die nachfolgenden Punkte dringendst in seine Überlegungen einbeziehen.

Du hast drei Möglichkeiten, dich fortzubewegen. Zu Fuß. Mit öffentlichen Verkehrsmitteln oder im privaten (gekauften oder gestohlenen) Pkw. Beginnen wir beim Pkw.

- Wähle dein Fahrzeug so, dass es nicht auffällt.
- Eine kleine unscheinbare Limousine, grau, weiß oder dunkelrot wäre von Vorteil.
- Es sollte ein Fahrzeug sein, das du gut kennst und gut handeln kannst.
- Versuche an gefakte Nummernschilder heranzukommen.
- Seid ihr in einer Gruppe unterwegs, achte darauf, dass nur so viele Personen im Fahrzeug mitfahren, wie es der Fahrzeugtyp erlaubt.
- Fahr so, dass du nicht auffällst (also keine Geschwindigkeitsüber- oder -unterschreitung, kein Zickzack, kein Parken im Parkverbot etc.) und halte dich von Kontrollpunkten und Straßensperren fern.

Wenn du sicher bist, dass jemand dich verfolgt, halte an einer günstigen Stelle an und brich den Kontakt zu Fuß. Die Idee liegt nahe, dass du einen Trackingchip irgendwo an der Karosserie hast oder dass jemand deinem Handysignal folgt. Warte nicht, bis die Hölle bereits losgebrochen ist. Gegebenenfalls sind alle Straßen längst entweder blockiert, weil alle Menschen gleichzeitig die Idee haben, abzuhauen. Oder es sind schon Straßensperren errichtet. Hast du Dreck am Stecken, oder denen gefällt deine Nase nicht: Peng! Die Falle hat sich geschlossen. Wenn du Glück hast, nehmen sie dir alles ab, was du besitzt, und du kannst deinen Weg zu Fuß und ohne Ausrüstung weiter fortsetzen. Sobald also abzusehen ist, dass in der Stadt bald nur noch das Gesetz der Stärkeren vorherrschen wird, verpiss dich. Sei aber intelligent genug. Verlasse die Stadt auf Schleichwegen. Halte dich an die kleinen Straßen und Wege. Fahr am besten durch den Wald, sodass Drohne und Beobachter es schwerer haben, dich zu orten. Wenn es dick kommt und die Bewegung mittels Pkw ausgeschlossen ist, schau, ob es irgendwelche Tunnels gibt, die aus der Stadt rausführen.

Das Stichwort Tunnel ist gefallen. Bevor ich also zur Tagesordnung übergehe, hier eine kleine Geschichte, die sich genauso abgespielt hat, wie ich sie erzähle. Während des Ukrainekrieges hielten ukrainische Truppen die Stadt Sudscha in der Oblast Kursk (Russland). Genau dort führten russische Einheiten eine Militäroperation durch, die sicherlich ihresgleichen sucht. Selbst Meister Sun Tzu (*Die Kunst des Krieges*) könnte davon lernen. Etwa 800 Soldaten der russischen Armee gelangten durch eine funktionstüchtige, aber stillgelegte Gaspipeline, in die sie vorher Luft beziehungsweise Sauerstoff gepumpt hatten, in den Rücken ihrer Gegner. Es handelte sich um die Erdgasleitung Urengoi-Pomary-Uschhorod, besser bekannt als die Westsibirische Pipeline. Die unterirdisch zu bewältigende Strecke betrug in etwa fünfzehn Kilometer. In den ersten Märztagen des Jahres 2025 bereiteten die an der Operation Potok (so hieß der Militäreinsatz) beteiligten Kräfte diesen schier ungeheuren Plan vor und begannen mit dessen Ausführung. Als das Konzept stand, stiegen die Soldaten in kleinen Gruppen sehr diskret und in mehr oder weniger regelmäßigen Abständen hinunter in die Katakomben. Dadurch wurde verhindert, dass der Feind von den Aktivitäten etwas mitbekam. Bis alle Kämpfer im Rohr waren, vergingen vier Tage. Dem Einsatzplan zufolge mussten sie fünfzehn Kilometer unterirdisch zu Fuß zurücklegen, wobei die Bedingungen äußerst schwierig waren. Der Durchmesser des Rohres (1,42 Meter) erlaubte es den Männern nicht, sich aufzurichten. Die Bewegungsfreiheit war also maximal eingeschränkt. Hinzu kam das Tragen schwerer Lasten: kleine Mörser, MGs, Tonnen von Munition und diverse Ausrüstungsgegenstände. Die Innenflächen der Rohre waren zudem mit Kondenswasser und Öl bedeckt und hier und da befand sich doch noch Gas, das die Männer zwar nicht umbrachte, für ihre Gesundheit aber auch nicht gerade förderlich war. In regelmäßigen Intervallen hatten die Russen neben der Pipeline zusätzliche Räume angelegt, in denen Nahrung und Wasser hinterlegt waren. Lange Rede, kurzer Sinn. Das russische Kommando verließ die Pipeline in Sudscha und nahm dort sofort den Kampf auf. Die Überraschung war total.

Ich möchte dem noch etwas hinzufügen. In Bindlach, dem Ort, in dem ich geboren wurde, gab es in meiner Kindheit zwar keine Gaspipeline, aber ein unterirdisches Kanalsystem. Das unterirdisch verlaufende Abwasserrohr, dessen Durchmesser auch etwa 1,40 Meter betrug, durchquerte auf einer Länge von etwa einem Kilometer das ganze Dorf. Wir sind als Kinder oft an einem Ende eingestiegen, um ungesehen zum anderen Dorfende zu gelangen. Wir spielten den Krieg der Knirpse. Das alles nur, um euch zu sagen, dass es durchaus Möglichkeiten gibt, ungesehen aus Dorf oder Stadt zu kommen. Man muss die Möglichkeiten nur kennen. Deswegen: Erkundige dich noch in Friedenszeiten nach Schleichwegen, Tunnels, Abwasserrohren usw. Fertige eine Karte an. Zeichne die markanten wichtigen Punkte ein. Möglicherweise hilft ein Besuch bei der Gemeinde oder im Rathaus. Vielleicht gibt es bereits Pläne, die man einsehen kann. Ich zum Beispiel wohnte lange Zeit in Bayreuth, ohne auch nur zu ahnen, dass es dort unterirdische Tunnelsysteme gab. Die Rede ist von den Bayreuther Katakomben. Diese in Sandstein getriebenen Tunnels dienten der Lagerung, aber auch als Schutz vor den Angriffen der Alliierten im Zweiten Weltkrieg.

Weitere Tipps rund ums Fahrzeug in Krisenzeiten

Besorge dir vor der ersten Fahrt eine Rolle Panzertape, das dieselbe Farbe hat wie das Fahrzeug. Jedes Mal, wenn du das Fahrzeug verlässt, bringst du so diskret wie nur eben möglich einen winzigen Streifen davon an den Übergängen Kofferraum- Karoserie, Fahrertür-Karosserie und Motorhaube-Karosserie an. Gut wäre es, dasselbe bei den Übergängen, die du selten benutzt, schon vorher zu machen und den Streifen Tape dort nur hin und wieder zu erneuern und zu überprüfen. Dieses unauffällige Anbringen kannst du üben. Kommst du zum Fahrzeug zurück, schau unbedingt nach, ob die Tapestreifen noch an den Übergängen haften. Ist das nicht der Fall, hattest du womöglich Besuch. Jemand war am oder in deinem Fahrzeug. Jetzt gibt es mehrere Möglichkeiten. Jemand hat an oder in deinem Auto entweder Sprengstoff, eine Kamera, vielleicht auch eine Art Tracking-System angebracht. Vielleicht befindet sich auch jemand auf deinem Rücksitz. Verlasse dich auf dein Bauchgefühl. Wenn es dir sagt, dass die Sache zum Himmel stinkt, steig nicht ein, lass das Fahrzeug stehen und brich den Kontakt zu Fuß.

Anmerkung des Autors:

Jedes Fahrzeug kann heimlich mit einem Vehicle-Tracking-System versehen und aus der Ferne innerhalb von Sekunden geortet werden. Wie das Vehicle-Tracking verwendet wird, hängt in großem Maß davon ab, was man damit erreichen möchte.

Nichts dergleichen? Alles im grünen Bereich? Schön! Hier einige wichtige Details, auf die du achten solltest.

Kurz vor und während des Ausstiegs.

Bevor du die Autotür öffnest, wirf einen Blick in Rück- und Seitenspiegel, ob niemand dir auflauert. In diesen drei Sekunden vor dem Aussteigen bietest du die ideale Angriffsfläche, weil du so sehr damit beschäftigt bist, zu checken, ob die Handbremse greift, ob Lichter aus sind, während du gleichzeitig die Türe öffnest und in Gedanken schon ganz woanders bist.

Nach dem Aussteigen.

Merke dir auf den Zentimeter genau, wie und wo exakt dein Fahrzeug steht. Bringe Markierungspunkte an eine Stelle nahe dem vorderen linken Reifen an. Zum Beispiel einen Kieselstein, einen Kreidestrich oder etwas Ähnliches. Das ermöglicht es dir bei der Rückkehr, festzustellen, ob jemand das Fahrzeug bewegt hat. Stelle sicher, dass Fenster, Türen und Kofferraum verschlossen und dass Wertsachen von außen nicht sichtbar sind.

Bevor du wieder einsteigst.

Überprüfe die angebrachte Markierung sowie den äußeren Aspekt des Fahrzeuges. Ist etwas anders? Manchmal genügt ein einziger Blick, um Kleinigkeiten zu registrieren, die einem das Leben retten können. Sind alle Fenster und Türen geschlossen und intakt? Sind Drähte, Glas- oder Plastiksplitter zu sehen? Was sagt dein Gefühl?

Nach dem Einsteigen.

Achtung: Sehr heikle Phase! Schließe sofort die Zentralverriegelung. Lass den Motor an und fahr los, ohne Zeit zu verlieren. Das Anlegen des Sicherheitsgurtes muss in Krisenzeiten etwas warten. Auch das Einrichten der Spiegel, des Sitzes oder das Suchen nach einer geeigneten musikalischen Unterhaltung für die Fahrt hat so lange Zeit, bis du ein paar Meter weg auf der Straße bist und bereits Geschwindigkeit aufgenommen hast.

Wheels on tarmac / Räder auf dem Asphalt.

Diese Regel beschreibt nichts anderes, als dass, wenn du im Stau oder an einer Ampel stehst, also anhalten musst, stets so viel Abstand zum Fahrzeug vor dir einhalten solltest, dass du immer dessen hintere Räder auf dem blanken Asphalt sehen kannst. Dieser Abstand erlaubt es dir, im Notfall oder bei einer Aggression schnell auszuscheren. Besteht dieser Abstand nicht, bist du zwischen dem vorderen und hinteren Fahrzeug gefangen. Carjackings ereignen sich am häufigsten an Ampeln oder an Stellen, an denen du langsam fahren oder stehen bleiben musst oder an denen du nicht schnell reagieren kannst.

Und zu guter Letzt.

Versichere dich stets, dass der Tank immer mindestens zu einem Drittel voll ist. Unterschreite diese Marke nie! Der Tankdeckel muss abschließbar sein und das aus mehreren Gründen.

- Um Spritklau vorzubeugen.
- Um zu verhindern, dass jemand gerade hier ein IED (Sprengsatz) hinterlegt.
- Um zu vermeiden, dass irgendwelche Witzbolde ein mit Benzin und Öl getränktes Tuch in den vollen Tank stecken, um dein Fahrzeug in Brand zu setzen.

Treffen mit einer Kontaktperson oder mit jemandem, den du nicht kennst

- Wenn du dich mit jemandem verabredest, sei bereits eine halbe Stunde vor dem verabredeten Zeitpunkt zugegen, aber noch nicht direkt am Ort der Verabredung. Beobachte den Ort vielmehr zunächst aus einer sicheren Distanz und aus der Deckung heraus. Du darfst nie der Erste sein, der direkt zu einem Rendezvous zum vereinbarten Treffpunkt kommt. Es könnte eine Falle sein. Wenn du dennoch vor dem *Partner* eintriffst und dort wartest, kann er dich aus der Ferne neutralisieren.
- Sollte das Treffen indoor stattfinden, zum Beispiel in einem Café oder einem Restaurant, lass immer dann Vorsicht walten, wenn deine Kontaktperson sich inmitten des Gespräches plötzlich auf die Toilette begibt. Die Möglichkeit, dass er dort eine Waffe deponiert hat, ist durchaus gegeben. Überhaupt ist es ratsam, das Treffen outdoor stattfinden zu lassen.

Kommen wir kurz zurück zum Café-Restaurant, zur Paranoia und zum Toilettengang. Es gibt da eine reale Story, die sehr markant unterstreicht, warum Vorsicht angeraten ist. In den 80gern traf sich ein Araber (Kontaktmann) in einem Café mit einem Geheimagenten der Gegenseite. Beide waren offensichtlich unbewaffnet. Nach einer gewissen Zeit entschuldigte sich der Araber, er müsse dringend auf die Toilette. Bis dahin nichts Ungewöhnliches, würdest du sagen? Gut! Als er von der Toilette zurückkam, hatte er plötzlich eine geladene und entsicherte Pistole in der Hand. Er schoss den am Tisch verbliebenden, nichts ahnenden Geheimagenten nieder und spazierte danach seelenruhig aus dem Café. Das scheint aus einem James-Bond-Film entnommen? Ist es nicht!

Eine Info noch, die verzweifelt scheint, die aber grundsätzlich helfen kann, etwaigen Verfolgern die Initiative zu rauben. Wenn du denkst oder die Sicherheit hast, dass du beschattet wirst, geh in ein Café. Gib deine Bestellung auf. Zahle nicht im Voraus. Bleib eine Weile sitzen und begib dich dann auf die Toilette. Geh in eine Kabine, schau nach, ob es dort eine Fluchtmöglichkeit gibt. Falls ja, mach den Fisch. Sollte dir das aus moralischen Gründen gegen den Strich gehen, sag dir einfach, dass du die Rechnung irgendwann später begleichen kannst. Ich habe das bei zwei Gelegenheiten probiert und dabei feststellen müssen, dass die eine Toilette kein Fenster hatte und das Fenster der anderen gleich so eng war, dass ich mich nicht, ohne Krach zu machen, durchzwängen konnte. Ich bin dann aber beide Male, diskret und von anderen ungesehen, tatsächlich in die Privaträume des Cafébetreibers und fand dort Gelegenheit, mich in Luft aufzulösen.

Woran du erkennst, dass jemand Ärger macht oder dir gefährlich werden könnte? Das ist einfach zu erklären. Dieser Jemand vermittelt dir ein Scheißgefühl. Jetzt brauchst du einen Indikator dafür, dass er dir tatsächlich Böses will. Kleiner Tipp von mir. Achte auf die Hände deines Gegenübers. Wie sehen sie aus? Sind es eher Akademikerhände oder siehst du Schwielen und Narben? Dann schau auf seine Augen, ohne es jedoch anzustarren. Wenn du Männer anstarrst, kann das Trigger für eine sich brutal entladende Gewalt sein. In den Augen der meisten bösen Jungs steht die hinterlistige Absicht nicht immer wie in einem offenen Buch zu lesen. Beim genaueren Hinsehen und vor allem beim Reinfühlen, gepaart mit etwas Erfahrung in gewissen Milieus, erkennst du jedoch diese Absicht. Ich kann das nicht näher erklären. Es ist ein Gefühl, das mir zwei oder dreimal sagte: Jetzt passiert das Undenkbare. Und jedes Mal geschah es. Die Tatsache, dass ich noch lebe, kann ein leichter Indikator dafür sein, wie es dem anderen, meinem damaligen Gegenüber heute so geht.

Aber noch mal. Mach es nicht so offensichtlich. Faustformel = 2 Sekunden, dann den Blick abwenden. Schau aber nicht nach unten, sondern zur Seite. Nach unten schauen zeugt von Unterwürfigkeit und wird im Milieu als Schwäche ausgelegt. Wenn dieser Jemand Blicke auf sich spürt, die ihn durch den ganzen Raum verfolgen, ist das für ihn ein Warnsignal und du selbst bist entlarvt. Beispiel: Du sitzt in einem überfüllten Raum. Die Tür öffnet sich. Ein Uniformierter kommt durch die Tür. Was passiert deiner Meinung nach? Genau! Alle schauen ihn an. Das ist normal. Aber jetzt halt dich fest. Die einzigen, die nicht hinschauen, sind die, die tatsächlich Dreck am Stecken oder etwas zu verbergen haben. Da spielt sich etwas in ihrem Unterbewusstsein ab.

Warum schauen sie nicht hin? Weil sie Angst haben, der Uniformierte (Polizist oder Soldat) schaut ihnen direkt in die Seele und erkennt dort ihre Schandtaten.

Achtung:

Wenn dich jemand hartnäckig mit seinen Blicken verfolgt, dazu noch die körperliche Distanz zu dir verkürzt, und das alles in wenigen Sekunden, so sollte das wie eine rote Flagge für dich sein. Mach dich schnellstens vom Acker. Der Unbekannte will dir ans Leder, der Kontakt ist imminent!

Be prepared, but don't look prepared

Hier geht es in erster Linie darum, mehr zu sein als zu scheinen. Mehr zu haben, als andere denken. Besser vorbereitet zu sein, als man dir zutraut – und das auf allen Ebenen.

Körperlich und seelisch fit

Bring dich in Top-Verfassung und bleibe in Top-Verfassung. Veränderungen an diesem Status: Bitte nur zum Besseren hin upgraden. Trainiere, wann immer du kannst. Besorg dir einen Box-Dummy. Du weißt schon: so eine Puppe, die als Sparringspartner herhält. Unterhalte dich auf täglicher Basis mit ihr. Keine guten Gespräche, sondern Tacheles bitte. Mach über den Tag verteilt 100 Liegestütze, 100 Sit-ups und 100 Kniebeugen. Arbeite nur mit deinem Körpergewicht, seltener mit Hanteln. Meditiere. Trink keinen Alkohol. Trink aber genug Wasser. Ernähre dich gesund. Hast du Muckis bis zum Abwinken, dann versteck sie. Zeige niemals deine ganze Stärke.

Antizipiere böse Absichten anderer dir gegenüber.

Versuche den Tagesablauf so unmethodisch wie nur irgend möglich zu gestalten: nie dieselben Gewohnheiten, Zeiten, Orte, Abläufe, Transportmittel. Keine Routine. Das muss rein in Fleisch und Blut. Kommst du vom Einkaufen nach Hause, geh nicht sofort ins Haus. Setz dich mit Blickkontakt zur Eingangstür irgendwohin und beobachte erst etwas das Umfeld. Fällt dir etwas auf? Hat sich etwas verändert? Was sagt dein Bauchgefühl? Du bist Rechtshänder? Vielleicht ist es Zeit, die Einkaufstasche in die Linke zu nehmen und dich innerlich aufs Kämpfen oder Fliehen vorzubereiten. Stehst du dann vor der Tür, die in deine Wohnung führt, leg erst dein Ohr ans blanke Holz (bitte weit genug weg vom Spion, denn eine 9-mm-Kugel hinterlässt eine hässliche Wunde) und lausche eine Weile. Wirf einen Blick auf das Schloss. Alles im grünen Bereich? Öffne die Tür, geh rein, schließe die Tür wieder und warte lautlos vier bis fünf Sekunden. Lauf dann von Zimmer zu Zimmer und versichere dich, dass dich niemand besucht hat. Stell sicher, dass sich außer dir niemand in der Wohnung befindet. Wenn du dich nachts schlafen legst, schlaf nur mit einem Auge und leg dir eine Waffe in Griffweite. Gehst du am nächsten Tag wieder einkaufen oder auf die Arbeit, lauf oder fahre etwas später oder etwas früher los als sonst und nimm einen anderen Weg.

Lade nur so viele Apps wie unbedingt nötig auf dein Handy. Lösche alles, was du nicht brauchst. Wird dein Smartphone in sehr kurzer Zeit ungewöhnlich heiß? Leert sich die Batterie schneller als üblich? Ist der Datenverbrauch rasant angestiegen und du weißt nicht, woran es liegt? Hörst du beim einfachen Telefonieren Geräusche, die da nichts zu suchen haben? Viermal, ja? Ein Fremdzugriff könnte dahinterstecken. Du hast Handlungsbedarf, mein Freund!

Randbemerkung: Im Herbst 2008 arbeitet ich als Teamchef in Sachen Sicherheit für die Delegation der Europäischen Kommission in Pétionville, Haiti. Es kam zu Problemen. Ich wurde zum Problem. Warum? Weil ich doof treu nach einer Wahrheit suchte, die partout nicht entdeckt werden wollte. Warnungen ignorierend, legte ich mich mit den falschen Leuten an, bugsierte mich blind in eine Ecke, aus der es keinen Ausweg mehr zu geben schien. Das Ende vom Lied: Man wollte mich neutralisieren! Das zumindest steckte mir mein damaliger Stellvertreter, ein Ex-Kommandant der Police Nationale d'Haïti (Haitis Nationalpolizei). Einige Haitianer, darunter einer meiner eignen Wachleute, so sagte er, hätten mich gar mit einem

Voodoofluch belegt. Voodoo ist eine ernste Angelegenheit, ich war also auf der Hut.

Die oben angewandten Sicherheitsvorkehrungen waren mir damals nicht nur sehr vertraut, ich wandte sie auch auf täglicher Basis an. Nachts schlief ich mit einer geladenen Glock[28] unter dem Kopfkissen. Ich traute niemandem mehr über den Weg. Einer Sache bin ich mir heute sicher. Ich hätte Haiti nicht überlebt, wenn ich eine strikte Routine hätte walten lassen. Das und nichts anderes ist die absolute Wahrheit!

Grauer Mann

Grauer Mann sein heißt, zum Lügner und Betrüger werden

Eines vorab. Die Grauer-Mann-Strategie ist nicht jedermanns Sache. Wie bei vielen Geschicken hat auch die Fähigkeit, wie ein Chamäleon in eine Gruppe Menschen einzutauchen, unterzutauchen, sich dort zu verbergen und quasi unsichtbar oder zumindest unauffällig zu werden, mehr mit angeborenem Talent als mit einem Lernprozess zu tun. Der Graue Mann schöpft seine Kraft aus seiner kognitiven Fähigkeit, sich genau den kurzen Moment zu eigen zu machen, in dem die Aufmerksamkeit eventueller Verfolger am niedrigsten ist. Manchmal dauert dieser Moment nur Sekunden. Der Grauer-Mann-Taktiker ist in der Lage, sich blitzschnell an Veränderungen in sozialen Kontexten anzupassen. Er weiß die Gedanken vorherzusagen, die sein Verhalten bei denjenigen hervorrufen wird, die ihn aus nächster Nähe beobachten. Der Graue Mann fügt sich nicht nur in die Masse ein, indem

[28] Meine Dienstwaffe war in der Tat eine Glock 19. Sie war ständig geladen. Damals standen Überfälle auf Europäer an der Tagesordnung. Gleich zu Beginn meiner Amtszeit wurde ganz in der Nähe der Botschaft ein Mann mit mehreren Kugeln kaltblütig erschossen. Noch in derselben Nacht fand ein Kidnapping statt. Auch das war nur einen Steinwurf von der Botschaft entfernt. Die Entführer reklamierten 40.000 US-Dollar Lösegeld. Ein anderer Mann wurde gelyncht, ein Waffenversteck von der Polizei ausgehoben, ausländische Waffen konfisziert. Die Waffen stammten interessanterweise aus dem Ostblock, aus Osteuropa, aus der Tschechei, aus Bosnien und Serbien.

er allgemeine Verhaltensweisen nachahmt und neue eigene Taktiken einführt, nein! Er übernimmt auch Verhaltensweisen, intellektuelle Taktiken und Strategien anderer, um seine Umgebung zu manipulieren. Auch deshalb ist er mehr in der Aktion als in der Reaktion. Um natürlich und gleichzeitig effizient zu sein, müssen Taktiken und Strategien mehr auf Instinkt als auf bloßer Willenskraft basieren.

Bei der Grauer-Mann-Taktik geht es also nicht nur darum, völlig unbemerkt zu bleiben – was der Idealfall wäre –, sondern auch mit darum, visuelle und verhaltensbezogene Gegenmaßnahmen zu generieren, damit die Leute dich genauso schnell wieder vergessen, wie sie dich bemerkt haben. Es geht bei der Grauer-Mann-Taktik aber nicht nur im Wesentlichen um dich und deine (eure) Person. Vielmehr ist es ein umfassendes Konzept. Es handelt sich streng genommen um eine Survival-Schablone, die über kriminelles Banditenterritorium gelegt wird. Spiel das Spiel der *Fausses Apparences*[29], wie es die Franzosen sagen würden. Dazu gehört unter anderem, dass du deinem Haus oder deiner Wohnung (oder dem Wohnwagen) einen Aspekt verleihst, den man von außen gesehen als ziemlich langweilig und heruntergekommen betrachten kann.

Greife in deiner Location auf Alarmsysteme zurück, die dich lautlos darüber informieren, dass gerade jemand in dein Haus einbricht. Dass du Bescheid weißt, sollte der Einbrecher aber nicht mitbekommen. So denkt er, er hätte Zeit. Folgerichtig arbeitet er langsam und lässt größte Vorsicht walten, weil er dich nicht wecken möchte, derweil du schon einen Plan ausheckst, ihn zu neutralisieren. Wissen, mein Junge, ist Macht. In diesem Fall sollte es heißen, informiert sein ist Trumpf.

Die Kamerasysteme in deinem Haus sollten zweierlei Natur sein. Die, die man sieht und die *Vorsicht, hier wird gefilmt* signalisieren. Und die anderen, versteckten Kameras, die niemand sehen kann.

Besitzt du Wertgegenstände, die besonders geschützt werden müssen, pack sie in einen Safe. Genau danach aber werden böse Jungs

[29] Falsche Erscheinungen!

zuerst suchen. Also besorg dir einen zweiten Safe. Den bringst du so an, dass er sofort ins Auge sticht. Nur dass da eben nichts von Wert drin ist. Oder eben nur Peanuts. Da sind wir also wieder beim Tarnen und Täuschen. Früher kosteten diese Alarmanlagen viel Kohle, heute kannst du sie für einen Appel und ein Ei erstehen oder sie dir selbst bauen. Auch ein guter Safe kostet keine 3.000 Euro mehr. Ich glaube sogar, welche für 200 Euro gesehen zu haben.

Lass uns kurz über das EDC sprechen. Das Kürzel steht allgemein für *Everyday Carry* und bezeichnet die Ausrüstung oder das Gear, das jedes Mal dann mitkommt, wenn du das Haus verlässt. Noch genereller gesagt, trägst du das EDC immer am Mann, wenn du dich von A nach B bewegst. Das EDC muss klein gehalten und darf nicht mit dem BOB verwechselt werden. Vielmehr geht es darum, mit dem, was es beinhaltet, einen kurzen Moment der Gefahr oder der Unsicherheit zu überwinden. Kommen wir zum zweckmäßigen Inhalt eines solchen EDC. Vorab aber eine kleine Überlegung, die es wert ist, betrachtet zu werden. Mein EDC ist nicht etwa ein Sack, eine Tasche oder ein bestimmter Behälter. Vielmehr habe ich fünf bis sechs wichtige Items überall an meinem Körper verteilt. Ich trage mein Überleben sprichwörtlich am Leibe. Das birgt den Vorteil, dass ich nicht blank dastehe, sollte der Sack oder die Tasche durch äußere Einflüsse oder persönliche Dussligkeit abhandenkommen. Was ich so alles am Körper trage? Ich halte mich kurz.

- Ein Taschenmesser oder ein Multitool Typ Leatherman.
- Handy plus Ladekabel. Portemonnaie mit Kreditkarte und vor allem etwas Bargeld, Ausweis und Führerschein.
- Feuerzeug. Kleine Signallampe. Signalpfeife.
- Kugelschreiber mit Stahlgehäuse.
- Die Pfefferspraydose.
- Eine portable Powerbank. Die kleinste, die es gibt.
- Eine Rasierklinge (Old Style, doppelseitig – so verpackt und platziert, dass man sich selbst nicht verletzt!).

Wir sind und bleiben hier im minimalistischen Bereich. Alles darf in deinen Hosentaschen Platz finden. Lange oder kurze Hosen zu tragen, die mit Beintaschen versehen sind, wäre ein Plus. Die Option *kleine Tasche oder kleiner Sack* ist in der Tat etwas auffällig. In den USA gehört eine Handfeuerwaffe unbedingt mit ins EDC. Meine Wahl würde hier auf eine CZ-75, einfaches Modell, fallen. Mit dieser Waffe habe ich tatsächlich die besten Resultate erzielt. Das Ding liegt gut und schwer in der Hand, und das Eisen (Ganzstahlwaffe) lädt den Schützen geradezu ein, absolut gar nichts dem Zufall zu überlassen. Rückstoß okay. Druckpunktabzug optimal.

Noch mal und um jeden Irrtum auszuschließen: Du gehst Brötchen kaufen zum Bäcker um die Ecke? Du hast, die CZ75 mal ausgenommen, all das oben aufgelistete Zeug dabei, Punkt.

Kommen wir zum BOB. Ich war einige Male in Afrika im Einsatz. Nicht selten mussten wir Leute von zu Hause abholen. Das geschah fast immer auf die herzlich-harte Tour. Gespräche diesbezüglich sahen in etwa folgendermaßen aus:

Du hast fünf Minuten, deinen Sack zu packen, danach geht es ab zum Flugplatz!

Ja, und was soll ich einpacken?

Jacke und dünne Decke. Zwei Flaschen Wasser. Eine Handvoll Müsliriegel. Kopfhörer. Ein Feuerzeug, ein Messer (mit der Militärmaschine kriegten die das weg), ein Radio und Batterien. Ein kleines Verbandspäckchen. Dein Handy. Etwas Bargeld. Die Bibel, Impfpass, Reisedokumente, Ausweis nicht vergessen und hopp! Eine Minute ist schon rum!

Das war die Afrikavariante. Befindest du dich in Mitteleuropa, nimmst du, davon ausgehend, dass du deine EDC-Sachen bereits am Mann hast, nur noch warme Klamotten, zwei, drei EPAs und vielleicht einen Schlafsack und ein umfangreicheres Überlebenskit mit. Zieh festes Schuhwerk an. Der Clou dabei ist, keine Kunst daraus zu machen. Pack ein, was dir persönlich wichtig scheint, und orientiere dich dabei an der vorherrschenden Witterung und an den elementaren Grundbedürfnissen, die da wären Essen, Trinken, Schlafen, Pipi, Kacka,

Sicherheit, Wärme. Sollte dir noch etwas Zeit bleiben, bevor es losgeht, schließe alle Fenster, dreh Gas und Wasser ab, lass ein kleines Licht brennen und mach dich dann zuversichtlich vom Acker.

Den Kontakt abbrechen

Wenn du zu Fuß unterwegs bist, verfolgt wirst oder glaubst, verfolgt zu werden, brich den Kontakt sofort ab. Orientiere dich in der Aktion ganz nach dem *Hickschen Gesetz* (*Hick's Law*), das den Zusammenhang zwischen Reaktionszeit und Auswahlmöglichkeiten berücksichtigt. Einfach ausgedrückt, spielt hier der einfache und schnelle Entscheidungsprozess eine übergeordnete Rolle.

Geh folgendermaßen vor

- Schau dich nicht um. Lauf einfach weiter. Zunächst immer geradeaus.
- Bei der ersten Möglichkeit, mach einen Neunzig-Grad-Richtungswechsel. Laufe schnell etwa zwanzig Meter weiter und bieg bei der nächsten Möglichkeit wieder im Neunzig-Grad-Winkel ab.
- Jetzt geh in den Laufschritt über. Renne etwa fünfzig Meter und verkrümle dich dann in eine dunkle Hausnische, in einen Treppenaufgang oder in eine Tiefgarage, wo du dir sicher bist, dass es ein oder zwei andere Ausgänge gibt.
- Versteck dich und warte eine halbe Stunde ab. Beobachte von dort, wo du bist, in alle Richtungen. Reine Luft? Bravo.

Verändere dein Aussehen

Nehmen wir an, du trägst einen grünen Pullover, hast deinen pechschwarzen BOB-Rucksack auf dem Rücken und trägst weiß-blaue Turnschuhe.

1. Gehe vor, wie oben unter Den Kontakt abbrechen beschrieben.

Nach dem zweiten Richtungswechsel nimm den Rucksack vom Rücken, zieh den Pullover aus und packe ihn in den Rucksack. Hole dein anderes

Paar Schuhe heraus und zieh es an. Steck die weiß-blauen in den Rucksack. Nimm ein T-Shirt (nicht schwarz) und ziehe es über den Rucksack, du weißt schon, so, als ob du dem Rucksack eine Schutzhülle gegen den Regen verpassen würdest. Nimm den Rucksack auf den Rücken und lauf normal weiter.

Tu dir selbst einen Gefallen und trage weder Kopfhörer noch iPod oder Walkman. Und wenn, dann nur zum Schein, stell die Dinger auf lautlos. Sei aufmerksam, bleib aber gelassen und entspannt.

Es gibt mittlerweile Sonnenbrillen mit eingebauten Spiegeln an den Seitenrändern. Die Dinger lassen sich von normalen Sonnenbrillen kaum unterscheiden, aber du siehst, ohne dich umdrehen zu müssen, wer hinter dir läuft. Besorg dir so ein Teil.

Waffe?

Aus uns bekannten Gründen trägst du nichts am Mann, was wie eine Waffe aussieht. Das könnte dir zum Nachteil gereichen. Im Portemonnaie aber hast du eine alte, abgelaufene EC-Karte. Und die ist an einer Ecke rasiermesserscharf geschliffen. Ich habe das ausprobiert. Damit kannst du ein Steak schneiden oder einen Fisch sezieren, wie du willst. Was du sicher auch am Mann hast, sind zwei ordinäre Kugelschreiber. Der eine, als Waffe benutzbar, hat eine ganz normale Mine, während sich im Körper der anderen drei fein zusammengerollte Einhundert-Dollar- oder -Euroscheine befinden.

Verhalten am Checkpoint

In Zeiten wie diesen sind Checkpoints keine Seltenheit. Ganz im Gegenteil, es wird meiner Meinung nach bald eine ganze Menge davon geben, erinnere dich meiner Worte. Und sei es nur, um eine Flucht unmöglich zu machen (Männer im wehrfähigen Alter, du weißt schon) oder um Bewegungen einzudämmen. Das Besondere an Checkpoints ist, dass sich hier sehr oft Dramen abspielen, die man mit Worten kaum beschreiben kann. Das geht von willkürlicher Kontrolle bis hin zur bewussten Tötung. Wenn du also auf einen von der Armee oder von Sicherheitspersonal besetzten Checkpoint zufährst, stell dich mental auf Probleme ein.

Hier die zu beachtenden Regeln:

- Fahr im Schritttempo auf den Checkpoint zu und beschleunige auf gar keinen Fall.
- Lies genau, was auf Schildern steht.
- Achte auf Zeichen, die man dir gibt.
- Sorge bewusst dafür, dass deine Hände immer sichtbar sind.
- Steig erst aus, wenn man es dir sagt.
- Lass den Motor laufen, insofern niemand das Gegenteil von dir möchte.
- Hände weg vom Handy, auch oder vor allem wenn es klingeln sollte. An Checkpoints wurden schon Menschen erschossen, weil sie unangekündigt plötzlich ihr Handy zückten (das Handy könnte ein Remote-Auslöser für eine Autobombe sein!)[30].
- Es ist Nacht? Kein Fernlicht bitte!
- Wenn man dich durchsucht, zeig ruhig, dass du damit nicht einverstanden bist. Versuche aber nicht, den starken Macker zu spielen, um dich der Durchsuchung zu entziehen.
- Man lässt dich nicht passieren? Die Männer am CP sind generell einfache Ordnungskräfte, Soldaten oder Milizionäre. Verhandle nicht weiter mit ihnen, sondern frag nach ihrem Chef. Bleib dabei immer freundlich (keinesfalls aber unterwürfig), aber bestimmt. Zeig niemals, dass du Angst hast. Selbst dann nicht, wenn dir der Arsch auf Grundeis geht.
- Wie in vielen anderen Berufen oder Diensten haben einige von diesen Checkpointfreaks oft eine miserable gesellschaftliche Situation. Sie wollen keinen Stress, sondern Geld verdienen. Und sie wollen, dass du sie ernst nimmst. Hör dir also immer geduldig

[30] Kurze Story dazu. Ende September 2011 wurden in der Marib-Region (Jemen) fünf mutmaßliche Mitglieder einer Al-Qaida-Zelle von einer Hellfire-Rakete (HEAT-Gefechtskopf) liquidiert. Sie saßen alle im selben Auto. Einer von ihnen kommunizierte via Handy mit einem Bruder oder Gleichgesinnten: Finde den Fehler.

an, was sie zu sagen haben. Denk dran, dass sich mit einer Hundert-Dollar- oder -Euronote so manches Problem lösen lässt!

- Lege zu dem Gesagtem keine absolut negative oder allzu positive Emotion an den Tag.
- Vermeide den kontinuierlichen Augenkontakt. Gelegentlicher Blickkontakt genügt, denn wer sich angestarrt fühlt, wird aggressiv. Das ist umso wahrer, wenn dein Gegenüber psychisch unstabil ist. Glaub mir, da draußen laufen mehr als genug Verrückte rum! Fixiere deinen Blick, wenn schon, dann auf die Nasenwurzel deiner Gegenüber.
- Achte immer auf genügend Abstand. Eine Armlänge soll es mindestens sein, nicht mehr, nicht weniger. So signalisierst du weder Angst (Opfer) noch Gleichgültigkeit. Ist der Abstand geringer, reduziert sich auch deine Reaktionszeit.
- Sei nicht aggressiv, rede mit ruhiger Stimme und kontrolliere deine Bewegungen.
- Du willst die Situation entschärfen? Schön. Wenn du dich aggressiv verhältst, geht der Schuss nach hinten los. Gesten wie mit dem Finger oder mit der Faust auf jemanden zeigen etc. werden sofort als Aggression aufgefasst.

Verhalten in ähnlichen Situationen anderswo

- Gerätst du in ein Streitgespräch mit Einheimischen (wovon ich absolut abrate), dann bleib sachlich und absolut neutral. Rede niemals über Religion, das kann dir den Kopf kosten. Wirst du Zeuge eines Gerangels, ergreife niemals Partei. Du kennst die Hintergründe nicht und könntest dich leicht auf die (falsche) Seite stellen und somit zum Opfer werden, ohne dass du genau weißt, warum oder worum es überhaupt wirklich geht. Geh am besten einfach weg. Wenn du jedoch mittendrin bist (Gespräch oder Gerangel), dreh der Situation niemals den Rücken zu. Das wiederum kann dir als mangelndes Interesse ausgelegt werden. Außerdem bist du in diesem Augenblick des Weggehens völlig wehrlos, da du gefährlichen Männern den Rücken zeigst.

Die drei gefährlichsten Männer?

- Der, der nichts zu verlieren hat.
- Der, der die maximale Erfahrung in *hand to hand*-Combat (corps à corps) hat.
- Der, der nie auffällt. Der Schweiger. Der Stille.

Abschließend zu all diesen Themen möchte ich noch kurz auf die sehr intensive Periode in der Private Security zu sprechen kommen. Natürlich ist die Rede von der Zeit zwischen 2002 und 2015. Es drängen sich zwei Dinge unweigerlich in den Vordergrund dieser Betrachtung.

1. Es gibt tatsächlich noch Menschen wie mich, für die es auch nach der Legion noch Abenteuer gibt, für die es sich lohnt, die Koffer zu packen. Ich war nicht vornehmlich des Geldes wegen unterwegs, sondern weil die alten Teufel mich wieder gerufen hatten. Sie zu besänftigen war mir eine Pflicht. Und, ich gebe es zu, auch ein Vergnügen. Ich hatte eine weitere Sprache erlernt und Länder gesehen, die ich vorher nur vom berühmten Finger auf der Landkarte her kannte. Das Gute war: Ich hatte wieder Freunde gefunden! Das zählt.

2. Die zweite und die wohl wichtigste Erkenntnis war, dass ich mich nach all diesen Jahren immer noch im Spiegel betrachten und sagen konnte: *Ja! Ich habe alles richtig gemacht.* Weder hatte ich gegen moralische Grundsätze verstoßen, noch war ich gezwungen gewesen, Menschen zu töten. Letzteres war ein reiner Glücksfall, denn alles hätte ganz anders kommen können. Ich bin von der Hoffnung getragen, dass es keine größeren Kriege mehr geben wird. Das aus einem einfachen Grund: Krieg ist scheiße!

Anhang

Verhalten bei einer Flugzeugentführung. Suche nach einem abgestürzten Flugzeug

Bevor ich mich an diesen Anhang wage, ein paar essenzielle Dinge über das Fliegen

Ob In- oder Auslandsflug, such dir eine Fluglinie heraus, die neutral ist und keine oder kaum politische Gegner hat. Recherchiere gut. Im Augenblick toben weltweit so einige Kriege. Ist abzusehen, dass sich in deinem Flugzeug viele Menschen aus diesen Kriegsgebieten befinden werden, überlege es dir gut, auch mit einzusteigen. Möglicherweise befindet sich jemand an Bord, den man liquidieren möchte.

Trage keine Armeeklamotten. Auch keine distinktiven religiösen Abzeichen oder T-Shirts mit politischen Slogans. Stell sicher, dass du im Handgepäck keine militärischen oder politischen Dokumente hast. Pack das Zeug in den großen Koffer.

Wähle einen Economy-Class-Flug. Sollten etwaige Entführer ein Exempel statuieren wollen, schnappen sie sich meist einen aus der Business- oder First-Class.

- Wird das Flugzeug entführt, bleib ruhig. Spiel nicht den Retter. Ziehe keine Aufmerksamkeit auf deine Person.
- Beobachte die Entführer. Wie sehen sie aus? Sprache? Was reden sie? Wie sind sie bekleidet? Merke dir jedes noch so geringste Detail.
- Wenn du gut im Schauspielern bist, täusche Krankheit, Übelkeit und Schmerz vor. Vielleicht bist du dann ganz oben auf der Liste, wenn Passagiere freigelassen werden.

- Sollte es zu einem näheren Kontakt zwischen einem der Entführer und dir kommen, sprich über normale Dinge wie Familie oder Beziehung, niemals aber über Religion oder Politik. Über die Familie zu reden ist eine Gratwanderung, denn wenn jemand Familie hat, exponiert er sich. Du bist an diesem Punkt verletzbar. Hier kann man dich packen, weil am Schnittpunkt Familie immer seelische Schmerzen entstehen.
- Entführer halten ständig nach Zeichen von Opposition Ausschau. Stellst du dich ihnen als Erster in den Weg, werden sie dich umbringen, Punkt!
- Halte die Augen stets offen, den Mund jedoch geschlossen. Wenn du merkst, dass sie dich töten wollen: Kämpfe!

Folgende Prozeduren erlauben eine erfolgreiche Suche nach verschollenen Personen. Diese Methoden anzuwenden erlaubt es uns auch, die eigene verloren gegangene Spur nach einem Orientierungsfehler wiederzufinden, um sich von dort aus neu zu orientieren. Im Falle verschollener Personen (Einzelperson oder Gruppen) ist es von größter Wichtigkeit, im Vorfeld schon so viele Indizien und Informationen wie nur irgend möglich zu sammeln.

- Ist die Person (Personen) robust, schwach, verletzt oder gar tot?
- Wie steht es mit ihrer Moral: Lässt sie sich gehen, hat sie einen starken Willen. Kommt sie gut allein zurecht?
- Ausrüstung des (der) Verschwundenen: Ist die verschwundene Person gut ausgerüstet oder hat sie gar nichts dabei? Bewaffnung? Wie sieht es mit Gadgets wie Handy, Kompass usw. aus?
- Kennt die verschollene Person sich im Gelände aus: Ja? Nein?
- Genaues Datum und Uhrzeit des Verschwindens.
- Wettervorhersage für die kommenden Tage des infrage kommenden Gebiets.

Die fächerförmige Aufklärung (siehe Zeichnung)

Wie der Titel bereits sagt, wird hier fächerförmig erkundet beziehungsweise aufgeklärt. Zur näheren Erläuterung der Ausdrücke: Gelände wird erkundet, während das Aufklären das Gewinnen von Erkenntnissen über feindliche Kräfte beinhaltet. Da wir nie etwas ausschließen können und der Teufel ein Eichhörnchen ist, sollte man stets mit dem Grundgedanken liebäugeln, der da sagt, dass es in den infrage kommenden Geländeabschnitten sehr bunt zugeht. Auf Deutsch: Wir sind da möglicherweise nicht allein unterwegs und die Absichten der anderen kennen wir nicht.

Diese anstehende Aufgabe ist allein kaum zu stemmen, deshalb empfehle ich, in der Gruppe zu arbeiten. Als Hilfsmittel nehmen wir den Kompass. Wir wissen (oder vermuten), dass die vermisste Person in einem uns noch unbekannten, aber wohl definierten Gebiet zu finden sein sollte. Rechte und linke Grenze wie auch die Tiefe sind in ungefähr abgegrenzt (auf der Zeichnung also nördlich unserer Position). Wir ziehen im Gelände eine Basislinie. Diese Linie ist Start und Ziel zugleich. Stellt die Marschkompasszahl (MKZ) auf 315 Grad ein und marschiert mit der Gruppe los. Während ein Mann dafür sorgt, dass die MKZ peinlichst genau beibehalten wird, beobachten die anderen das Gelände und suchen nach Indizien. Bleibt ab und zu stehen und lauscht. Der Letzte in der Gruppe ist dafür verantwortlich, die zurückgelegte Distanz zu messen. Entweder benutzt er dafür ein herkömmliches GPS, sein Handy mit entsprechender App oder er misst (zählt) seine Doppelschritte.

Die zu laufende Entfernung wäre in diesem Fall 1000 Meter. Seid ihr bei 1000 Meter angekommen, schlagt einen 90 Grad Winkel nach rechts. Lauft 100 Meter in die neue Richtung und kehrt von dort wieder zur Basislinie zurück, und zwar auf dem direktesten Weg (siehe Karte). Wiederholt das Ganze so lange, bis ihr entweder fündig werdet oder zur Überzeugung kommt, dass die Suche in diesem Geländeabschnitt nicht zum gewünschten Erfolg führen wird.

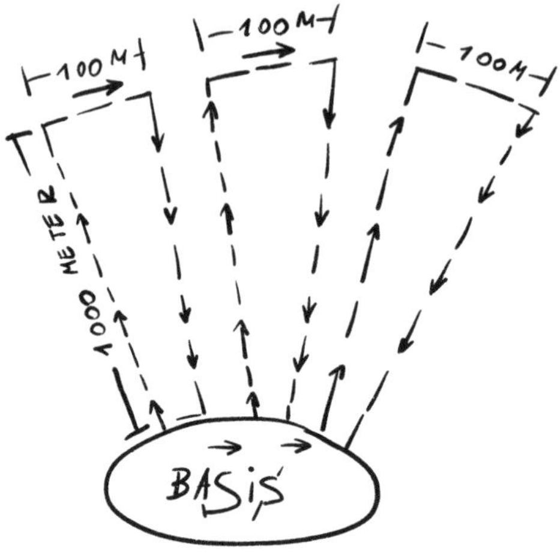

Ähnlich sieht es mit dem nächsten Schema aus. Hier jedoch beträgt die Richtungsänderung immer 90 Grad. Wir kehren auch hier zur Basislinie zurück. Die Breite von 100 Metern scheint engmaschig, aber das muss so sein. Nimmst du mehr, also etwa 200 Meter, und das haben unsere Erfahrungen an der Dschungelkampfschule deutlich gezeigt, kann es sein, dass du die gesuchten Personen oder meinetwegen das Flugzeugwrack nicht findest.

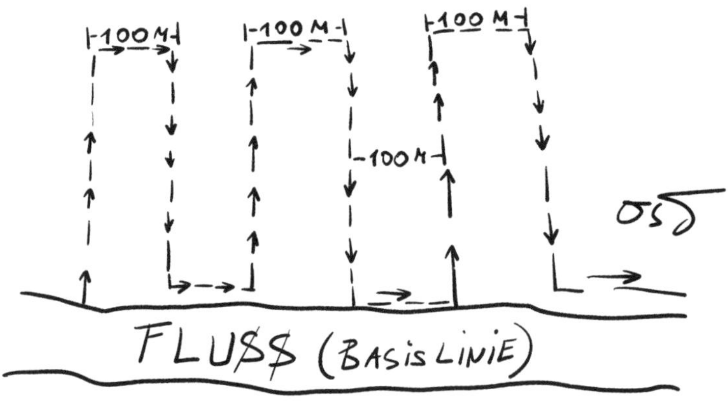

Bei der *Schnecke* wird die Wende immer jeweils um 90 Grad MKZ vollführt, die Distanz jedes Mal um 100 Meter erweitert. Die Zeichnung spricht für sich.

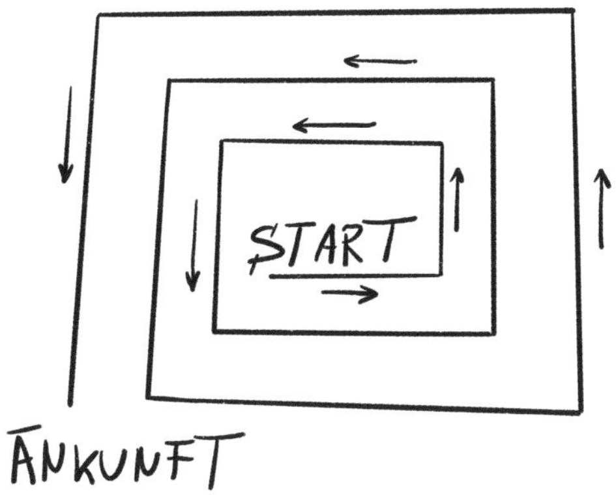

All diese Suchtechniken sind nur dann sinnvoll, wenn exakte Daten mit in etwa exakten Koordinaten vorliegen. Einfach drauflos suchen, ohne im Besitz grundlegender Informationen zu sein, ist pure Zeitverschwendung.

Kürzel – Abkürzungen

BOB	Bug Out Bag.
CNEC	Centre national d'entraînement commando-1er CHOC.
CECAP	Centre d'entraînement au combat d'Arta plage.
CEFE	Centre d'entraînement en forêt équatoriale.
CEFOGA	Centre d'entrainement (commando) en forêt gabonaise.
CZ-75	9mm-Pistole. Ganzstahlwaffe mit Double-Action-Spannabzug.
EDC	Everyday carry.
FPOS	First person on scene.
GCM	Groupement de commandos de montagne.
GCP	Groupement des commandos parachutistes.
IED	Improvised explosive device.
PTBS	Posttraumatische Belastungsstörung.
WBK	Wärmebildkamera.

Ein weiteres Survival-Buch von Thomas Gast

„Survival für Anfänger" – Ihr treuer Weggefährte, mit dem Sie für jeden Notfall bestens gewappnet sind!

Eine gute Vorbereitung ist vermutlich in jeder Lebenslage hilfreich und sorgt nicht nur für ein bestmögliches Gelingen, sondern auch gleichermaßen für mehr Selbstbewusstsein. In den letzten luxusverwöhnten Jahrzehnten unserer Gesellschaft geriet dieser Anspruch jedoch immer weiter in Vergessenheit und nun finden wir uns plötzlich in unfassbar turbulenten Zeiten wieder. Während das Unbehagen und die Ungewissheit unaufhörlich wachsen, steigt gleichzeitig auch das Verlangen nach Sicherheit und Absicherung. Die heutigen Generationen verfügen nicht mehr über die notwendigen Kenntnisse und Fähigkeiten, um in einem Notfall angemessen handeln und überleben zu können. Dies beginnt schon bei einfachen Aspekten wie den notwendigen Vorräten für den Ernstfall, doch umfasst unter anderem auch das Finden und Zubereiten von Nahrungsmitteln in der Wildnis.

Mit diesem Buch überlassen Sie nichts dem Zufall, denn Sie erlernen die wichtigsten Survival-Fertigkeiten, auf die Sie sich in brenzligen Situationen verlassen können.

Der renommierte Survival-Experte und Autor Thomas Gast kennt die Herausforderungen und Tücken des Survivals wie kein Zweiter, denn unter anderem kann er auf einen beeindruckenden Erfahrungsschatz von rund 17 Jahren in der Fremdenlegion zurückgreifen. In diesem exzellent strukturierten Werk gibt er seine unbezahlbare Expertise an Sie weiter und lehrt Sie Schritt für Schritt und besonders einsteigerfreundlich, wie Sie sich erfolgreich für den Ernstfall wappnen. Sie erhalten alle erforderlichen Informationen sowie praxiserprobte Methoden und Techniken für das Überleben fernab von jeglicher Zivilisation und Fremdversorgung. Unter anderem umfasst dies das richtige Mindset, die Notfallausrüstung, die immer bereitstehen sollte, sowie das bestmögliche Vorgehen in der freien Natur. Hier bleiben keine Fragen unbeantwortet!

Das Buch finden Sie unter folgendem QR-Code und überall sonst,
wo es Bücher gibt:

(https://www.amazon.de/dp/3969672112)

Ein weiteres Survival-Buch von Thomas Gast

Entdecken Sie die wegweisenden Prinzipien der mentalen Stärke. Tauchen Sie ein in eine Welt der inneren Resilienz und erfahren Sie, wie Sie Hindernisse überwinden und Ihre Willenskraft stärken können.

In diesem praxisorientierten Ratgeber begleitet Sie der erfahrene Autor Thomas Gast auf einer Reise zur mentalen Klarheit und Charakterentwicklung. Mit umfassendem Fachwissen und fundierter Unterstützung zeigt er Ihnen, wie Sie Herausforderungen meistern, Ängste bewältigen und Ihre innere Stärke zum Vorschein bringen.

Lernen Sie bewährte Methoden und Strategien kennen, um Ihre Disziplin zu festigen und eine robuste Willenskraft aufzubauen. Schritt für Schritt werden Sie lernen, wie Sie Ihre Ängste überwinden und einen starken Charakter entwickeln.

Das Buch finden Sie unter folgendem QR-Code und überall sonst, wo es Bücher gibt:

(https://www.thalia.de/shop/home/artikeldetails/A1070307661)

Ein weiteres Survival-Buch von Thomas Gast

„Urban Survival – Überleben im Notfall – Das ultimative Survival Buch – Optimale Krisenvorsorge: Prepping, Selbstversorgung, Fluchtrucksack, Blackout und vieles mehr!"

Urban Survival – Überleben im Notfall Optimale Krisenvorsorge: Prepping, Selbstversorgung und Blackout Vorbereitung Krisen, Kriege und Blackouts – wir leben derzeit in turbulenten Zeiten. Der Ex-Fremdenlegionär und einer der bekanntesten Survival Experten Deutschlands, Thomas Gast, weiß genau, worauf es in Situationen wie diesen ankommt. Er selbst durchlebte schon viele Notsituationen in Krisenregionen rund um den Globus. Sein Fachwissen kann überlebenswichtig sein.

Mit seinem neuen Buch „Urban Survival" hat er vermutlich das wichtigste Buch von allen geschrieben – ein Buch, das überlebens-notwendig sein kann! Der Fokus liegt auf dem Überleben ohne Hightech-Tools, sondern mit einfachen Hausmitteln. Nach der Lektüre sind Sie vermutlich besser auf Krisen vorbereitet als 99 % Ihrer Mitbürger. Also worauf warten Sie noch? Sichern Sie sich mit diesem Buch einen treuen Begleiter für jede Krisenzeit und sein Sie optimal vorbereitet.

Das Buch finden Sie unter folgendem QR-Code und überall sonst,
wo es Bücher gibt:

(https://www.amazon.de/dp/3969673046)

Ein weiteres Buch von Thomas Gast

Der 3-in-1-Survival-Sammelband von Thomas Gast – Urban Survival – Survival für Anfänger – Mental Survival

Perfekt vorbereitet für jede Krise: Prepping, Krisenvorsorge, Notfallausrüstung, mentale Stärke und mehr! In einer Zeit voller Unsicherheiten, in der Blackouts, Naturkatastrophen oder sogar nukleare Bedrohungen immer realistischer erscheinen, ist gute Vorbereitung wichtiger denn je. Das umfassende Werk „Das große Survival Buch" von Deutschlands führendem Survival-Experten Thomas Gast kombiniert drei Bestseller in einem unschätzbaren Leitfaden für den Ernstfall.

Darum ist dieses Buch unverzichtbar:

- Urban Survival: Erlernen Sie die besten Strategien zur Vorbereitung auf Krisen in städtischen Gebieten – von Notfallausrüstung bis zum Überleben in Blackouts.
- Survival für Anfänger: Ideal für Einsteiger! Lernen Sie Schritt für Schritt die Grundlagen des Überlebens in der Natur, inklusive Tipps zu Nahrungsbeschaffung, Schutz und Orientierung.
- Mental Survival: Stärken Sie Ihre innere Widerstandskraft und entwickeln Sie Disziplin, Willenskraft und Resilienz, um selbst in den schwierigsten Zeiten einen klaren Kopf zu bewahren.
- Exklusives Extrakapitel: Bereiten Sie sich auf das Undenkbare vor – Thomas Gast liefert unverzichtbares Wissen zur Vorbereitung auf einen Atomschlag.

Das Buch finden Sie unter folgendem QR-Code und überall sonst, wo es Bücher gibt:

(https://www.amazon.de/dp/3969676053)

Ein weiteres Buch von Thomas Gast

Der ultimative Ratgeber für das Leben im Ausland

Auswandern ist mehr als nur ein Neuanfang – es kann ein entscheidender Schritt zu mehr Sicherheit und Selbstbestimmung sein. Thomas Gast, Ex-Fremdenlegionär und erfahrener Survival-Experte, zeigt in diesem Buch, wie wichtig es ist, in einer Krisensituation an einem Ort zu sein, der bessere Chancen und Perspektiven bietet. Anhand seiner eigenen Auswanderung nach Nordschweden schildert er ehrlich die Herausforderungen und Freuden eines Lebens im Ausland und gibt wertvolle Tipps, um diesen Schritt erfolgreich zu meistern.

Dieses Buch ist nicht nur ein Ratgeber für den Alltag im Ausland, sondern auch eine Inspiration für alle, die in unsicheren Zeiten nach Stabilität suchen. Mit realistischen Einblicken und praxisnahen Ratschlägen hilft es, Risiken zu minimieren und gut vorbereitet den Traum vom Leben in einem neuen Land zu verwirklichen.

Das Buch finden Sie unter folgendem QR-Code und überall sonst,
wo es Bücher gibt:

(https://www.amazon.de//dp/396967445X)

Ein weiteres Buch von Thomas Gast

In diesem eindringlichen Bericht nimmt uns Thomas Gast, ehemaliger Elite-Fallschirmjäger und UN-Soldat, mit auf eine Reise durch die dunkelsten Tage des Bosnienkriegs und die intensiven Momente der Operation Serval in Mali. Mit tiefem persönlichem Einblick erzählt er von der Belagerung Sarajevos, einer Stadt umzingelt von Dunkelheit, Hunger und Krieg. Doch inmitten des Leids entdeckt er unerwartete Geschichten von Hoffnung, Zusammenhalt und Heroismus. Im zweiten Teil erleben wir die erbitterten Kämpfe gegen AQMI-Dschihadisten in Mali, die selbst die erfahrensten Soldaten an ihre Grenzen bringen. Gast verbindet packende militärische Analyse mit bewegenden menschlichen Geschichten, die die unermessliche Stärke des Geistes in Extremsituationen beleuchten. Ein Buch, das tiefe Einblicke in die Schrecken des Krieges gewährt und gleichzeitig das unbeugsame Herz der Menschlichkeit feiert.

Das Buch finden Sie unter folgendem QR-Code und überall sonst, wo es Bücher gibt:

(https://www.amazon.de/dp/3969674093)

Ein weiteres Buch von Thomas Gast

„Kongo Fieber – Legion Etrangere. Ein Einsatzbericht von Thomas Gast“ gleicht einer atemberaubenden Reise in die dunkelsten Ecken der Geschichte. Mit unverblümter Offenheit schildert Thomas Gast seine hautnahen Erfahrungen als ehemaliger Elite-Fallschirmjäger. Dieser packende Bericht basiert auf wahren Begebenheiten und gewährt einen schonungslosen Blick hinter die Kulissen eines lebensgefährlichen Einsatzes.

Erleben Sie hautnah die Schrecken des Krieges aus der Sicht eines Soldaten im Jahr 1978, als der Kongo von der Shaba-Invasion erschüttert wurde. Inmitten des Guerillakrieges im Süden der heutigen Demokratischen Republik Kongo stehen die Interessen des Westens und der Ostblock-Staaten in Zentralafrika auf dem Spiel. Inmitten dieses geopolitischen Konflikts finden wir uns an der Seite unseres Protagonisten wieder, der in einem Strudel aus Gefahr und Unsicherheit gefangen ist.

Das Buch finden Sie unter folgendem QR-Code und überall sonst, wo es Bücher gibt:

(https://www.amazon.de/dp/3969673429)

Ein weiteres Buch

Selbstverteidigung und Notwehr – Sicher durch unsichere Zeiten

In einer Welt voller Unsicherheiten wird die Fähigkeit, sich selbst zu schützen, immer wichtiger. Jörg Sprave, erfolgreicher YouTuber und Experte für freie Waffen, zeigt in seinem umfassenden Buch, wie Sie Bedrohungen erkennen, vermeiden und sich im Ernstfall effektiv verteidigen können. Mit leicht verständlichen Techniken, rechtlichen Grundlagen und einem Überblick über legale Selbstverteidigungswaffen bietet dieses Buch praxisnahe Lösungen für mehr Sicherheit im Alltag.

Ob präventive Maßnahmen, Notfallplanung oder der Einsatz frei verkäuflicher Waffen – „Selbstverteidigung und Notwehr" liefert Ihnen das nötige Wissen, um auf gefährliche Situationen vorbereitet zu sein. Ein unverzichtbarer Ratgeber für alle, die ihre Sicherheit selbst in die Hand nehmen wollen.

Das Buch finden Sie unter folgendem QR-Code und überall sonst, wo es Bücher gibt:

(https://www.amazon.de/dp/3969674883)

Ein weiteres Buch

Notfunk – Kommunikation in Krisenzeiten sichern

Wenn die öffentliche Infrastruktur versagt, wird zuverlässige Kommunikation lebenswichtig. Dr. Alexander Krah, erfahrener Amateurfunker und Experte im Bereich Notfunk, zeigt in diesem Praxishandbuch, wie Sie in Krisensituationen autarke Kommunikationssysteme aufbauen und effizient nutzen. Mit leicht verständlichen Anleitungen, fundiertem Wissen und praxistauglichen Tipps richtet sich dieses Buch an Anfänger und Fortgeschrittene, die ihre Vorsorge entscheidend verbessern wollen.

Ob bei einem Blackout, Naturkatastrophen oder anderen Notfällen – „Notfunk" vermittelt die Grundlagen und Strategien, um unabhängig von öffentlichen Netzen handlungsfähig zu bleiben. Dieses Buch ist Ihr unverzichtbarer Leitfaden, um Krisen souverän zu meistern und die eigene Sicherheit sowie die Ihrer Familie zu erhöhen.

Das Buch finden Sie unter folgendem QR-Code und überall sonst, wo es Bücher gibt:

(https://www.amazon.de/dp/3969674514)

Liebe Leserin, lieber Leser,

hat Ihnen dieses Buch gefallen?
Ihr Feedback, Ihre Anregungen und Ihre Kritik bedeuten uns viel, denn sie helfen uns, unsere Bücher kontinuierlich zu verbessern.

Die Meinung und Zufriedenheit unserer geschätzten Leserinnen und Leser stehen im Mittelpunkt unseres Schaffens. Ihre Gedanken sind uns wichtig.

Zögern Sie daher nicht, uns zu kontaktieren und Ihre Gedanken mit uns zu teilen. Senden Sie uns einfach eine E-Mail an:
feedback@eulogiaverlag.de

Besuchen Sie auch gern unsere Verlagsseite und entdecken Sie weitere spannende Bücher unter:
www.eulogiaverlag.de

Wir sind gespannt auf Ihre Nachricht und freuen uns darauf, von Ihnen zu hören!

Herzlichst
Ihr **Eulogia Verlag**